建筑设计与风景园林设计基础

主编　罗珊珊　陈　慧　邢祥银

吉林科学技术出版社

图书在版编目（CIP）数据

建筑设计与风景园林设计基础 / 罗珊珊，陈慧，邢
祥银主编. -- 长春 ： 吉林科学技术出版社，2023.6
　　ISBN 978-7-5744-0652-0

　　Ⅰ. ①建… Ⅱ. ①罗… ②陈… ③邢… Ⅲ. ①建筑设
计②园林设计 Ⅳ. ①TU2②TU986.2

中国国家版本馆 CIP 数据核字(2023)第 136531 号

建筑设计与风景园林设计基础

主　　编　罗珊珊　陈　慧　邢祥银
出 版 人　宛　霞
责任编辑　赵海娇
封面设计　金熙腾达
制　　版　金熙腾达
幅面尺寸　185mm×260mm
开　　本　16
字　　数　260 千字
印　　张　11.5
印　　数　1–1500 册
版　　次　2023年6月第1版
印　　次　2024年2月第1次印刷

出　　版　吉林科学技术出版社
发　　行　吉林科学技术出版社
地　　址　长春市福祉大路5788号
邮　　编　130118
发行部电话/传真　0431-81629529 81629530 81629531
　　　　　　　　　　81629532 81629533 81629534
储运部电话　0431-86059116
编辑部电话　0431-81629518
印　　刷　三河市嵩川印刷有限公司

书　　号　ISBN 978-7-5744-0652-0
定　　价　70.00元

前　言

作为建筑学的两大核心产物，建筑设计与景观设计近年来一直都是行业中的热门产业。而对于不少未来有意投身建筑行业深入发展的同学而言，搞清楚这两者之间的区别和职业发展前景是做出职业规划前的首要任务。

对于两者的区分，从定义上来看，建筑设计是指建筑物在建造之前，设计者按照建设任务，把施工过程和使用过程中所存在的或可能发生的问题，事先做好通盘的设想，拟定好解决这些问题的办法、方案，用图纸和文件表达出来。而景观设计则是指风景与园林的规划设计，它的要素包括自然景观要素和人工景观要素。

本教材为建筑设计和风景园林设计方面的教材，旨在解决目前建筑设计和风景园林设计学科联系密切但相关教材匮乏的问题。建筑设计与风景园林设计基础既是建筑设计和风景园林设计的第一门专业课程，也是学生迈入建筑设计和风景园林设计行业必备的知识。作为两门学科的启蒙教材，本教材旨在系统地整合各类知识点，培养学生的设计师素养，激发学生的学习兴趣和促成学生的创新设计能力。本书主要研究建筑设计与风景园林设计的基础理论、方法、技能和实例，从建筑设计原理和方法、建筑空间设计、绿色和人性化建筑设计、风景园林设计原理和方法、风景园林建筑外部与内部设计、传统文化语境下风景园林建筑设计六大方面进行了分析研究。本教材重视知识结构的系统性和先进性，结构严谨，条理清晰，层次分明，重点突出，通俗易懂，具有较强的科学性和指导性，既可作为高等院校土建、设计专业的教材，也可作为建筑设计和风景园林设计的初学者、教师或专业人士的参考用书。

在本书写作过程中，参考和借鉴了一些知名学者和专家的观点及论著，在此向他们表示深深的感谢。由于水平和时间所限，书中难免会出现不足之处，希望各位读者和专家能够提出宝贵意见，以待进一步修改，使之更加完善。

作者

2023 年 5 月

前 言

目　录

第一章 建筑设计原理和方法

导　读

　　随着社会发展与时代进步，设计范畴不断扩展，设计内涵不断延伸，身处主观价值体系与客观价值体系之间，建筑师必须从动态、发展、前瞻的角度来进行设计思考。这就要求建筑学涵盖的内容不断更新，紧随建筑发展趋势，关注设计前沿思潮；而不只是停留在理论基础以及经典示范层面上。

学习目标

1. 学习人体工程学与建筑设计。
2. 掌握建筑设计的本质。
3. 学习建筑设计的思维和方法。
4. 了解建筑师的素养。

第一节　人体工程学与建筑设计

一、人体工程学与建筑设计基础知识

　　人体工程学通过对人的生理和心理的正确认识，为建筑设计提供大量的科学依据，使建筑空间环境设计能够精确化，从而进一步适应人类生活的需要。

（一）人体工程学的含义与发展

　　人体工程学是一门新兴的科学，同时又具有古老的渊源。

　　人体工程学是一门研究在某工作环境中人同机器及环境的相互作用，研究在日常工作生活中怎样考虑工作效率，人的健康、安全和舒适等问题的科学，涉及解剖学、生理学和心理学等方面的各种因素。

人体工程学的重心完全放在"人"上面。而后根据人的体能结构、活动需求、物理环境（包括光线、温度、声音等）综合地进行空间和设施家具的设计，使人在活动区域内达到活动安全和舒适、高效的使用目的。

（二）人体工程学的主要内容

人体工程学是由六门分支学科组成的，即人体测量学、生物力学、劳动生理学、环境生理学、工程心理学、时间与工作研究，与建筑相关的主要为人体测量学、环境生理学。

二、人体测量学

人体测量学研究人体尺度与设计制作之间的关系，它主要包括人体的静态测量和动态测量。

（一）人体静态测量

静态测量是测量人体在静止和正常体态时各部分的尺寸，在设计时可参照我国成年人人体平均尺寸。但由于年龄、地区、时代的不同，人体尺度也不尽相同，设计者应根据设计对象的不同而综合考虑，例如为残疾人提供的设施要参照残疾人的尺寸进行设计。

另外，设计中采用的人体尺寸并非都取平均数，应视具体情况在一定幅度内取值，并注意尺寸修正量。

栏杆的间距必须阻止儿童头部钻过，所以以 5 岁儿童头部最小宽度 140mm 为参考，略微减小。

（二）人体动态测量

动态测量是测量人体在进行某种功能活动时肢体所能达到的空间范围尺度。由于行为目的不同，人体活动状态也不同，故测得的各功能尺寸也不同。

同时，建筑及室内空间设计尺度取决于完成某一连续活动所需的空间及多种不同形式和目的的动作在同时完成时所必需的空间，设计者须对其进行综合考虑。

坐姿的活动范围直接影响着人们久坐状态下的工作与生活。椅子是"人体的家具"，椅面的高度以及靠背的角度等功能尺寸对使用者是否合适，是十分重要的。

由落座于书桌前的人体各部分的尺寸决定书桌内部顶端的高度以及进深、宽度，特别是差尺（椅子的坐姿基准点到书桌的作业面的垂直距离）与坐高（地面到坐姿基准点的高度）的相关高度。

（三）人体测量学在建筑设计中的应用

人体测量学给建筑设计提供了大量的科学依据，它有助于确定合理的家具尺寸，增强室内空间设计的科学性，有利于合理地选择建筑设备和确定房屋的构造做法，对建筑艺术真、善、美的统一起到了不可或缺的作用。

设计设备使用空间时，应确保其满足人活动所需的基本尺寸和心理尺度，如卫生间隔间尺寸的大小就取决于如厕所需的活动空间及人体避免同墙壁和污物接触的心理空间。

人体通行宽度制约和影响着室内家具的摆放，楼梯、通道宽度也受其制约，它还影响着建筑空间尺度的确定。

应通过充分考虑各种操作活动和通道使用方式决定厨房和餐厅的最适宜的尺度。

三、环境生理学

环境生理学主要研究各种工作环境、生活环境对人的影响以及人体做出的生理反应。通过研究，将其应用于建筑设计中，使建筑空间与环境更有利于人的安全、健康与舒适。

（一）室内环境要素参数

按照劳动条件中的生理要求，通常把环境因素的适宜性划分为四个等级，即不能忍受的、不舒适的、舒适的和最舒适的。

（二）视觉、听觉机能与环境

建筑以"形""光""色"具体地反映着它的质感、色感、形象和空间感，视觉正常的人主要依靠视觉体验建筑和环境，声音的物理性能、人耳的生理机能和听觉的主观心理特性，也与建筑声学设计有着密切关系。

人的视觉特性包括视野、视区、视力、目光巡视特性及明暗适应等几方面，正常人的水平、垂直视野对视觉的影响最大。

四、人的行为、心理与空间环境设计

由于文化、社会、民族、地区和人本身心情的不同，不同的人在空间中的行为截然不同，故对行为特征和心理的研究对空间环境设计有很大的帮助。

（一）心理空间

1. 个人空间

每个人都生活在无形的空间范围内，这个空间范围就是自我感觉到的应该同他人保持的间距和距离，我们也称这种伴随个人的空间范围圈为"个人空间"。

2. 领域空间

领域空间感是对实际环境中的某一部分产生具有领土的感觉，领域空间对建筑场地设计有一定帮助。纽曼将可防御的空间分为公用的、半公用的和私密的三个层次，环境的设计如果与其结合就会给使用者带来安心感。

3. 人际距离

霍尔将人际交往的尺寸分为四种：亲昵距离（0.15~0.6m）、个人距离（0.6~1.2m）、社会距离（1.2~3.6m）和公众距离（3.6m以上），人的距离随着人与人之间的关系和活动内容的变化而有所变化。

（二）行为、心理与空间环境设计

建筑设计与建筑空间环境的营造主要是为了满足人在空间中的需要、活动、欲望与心理机制，通过对行为和心理的研究使城市规划和建筑设计更加满足要求，以达到提高工作效率、创造良好生活环境的目的。以下事例阐述了个人领域空间和人际交往距离的研究对空间功能分区和家具设计的影响。

1. 向心与背心

独处或需要私密空间的人喜背向而坐，以保持个人空间，向心型、向外型、隔离型家具与环境可为人们创造相对私密、独立的空间环境。交谈的人的个人空间较小，喜相向而坐，有围绕、面对面、向心型家具及环境设计，能够诱发交往行为。

2. 空间层次

优秀的空间设计应创造适于不同群体交流的场所，根据人际距离和人群不同需求设置空间，应层次丰富、趣味性强，引发交往的产生。

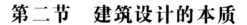

第二节 建筑设计的本质

一、建筑的本质

建筑的特殊矛盾要到现实生活中去找。现实中有各种各样的建筑：人们在车间中进行生产，在住宅中起居，在学校和图书馆中学习，在俱乐部、剧场、纪念馆中进行各种文化与政治等精神活动。不论这些建筑有多少区别，它们的共同之处是：小自一个房间，大至整个城市，都是人们的物质与精神生活的空间。可这不是自然空间，而是人们通过劳动创造的社会生活空间（在自然空间之中，而不是在自然空间之外）。与蜜蜂构筑蜂房的本能活动不同，人们是有意识地进行建造。这是人们改造世界（不仅包括人与物的关系——主要是生产力，也包括人与人的关系——主要是生产关系）的活动中不可分割的一部分。

（一）人们对生活的态度及理想

在阶级社会中首先是占有大量物质资料的统治阶级的态度和理想必然得到一定的表现，而且不仅作为生活方式体现在生活空间上，还作为社会意识形态范畴的审美观念通过艺术形象表现出来。因此，建筑这一统一体可以分为生活空间与艺术形象两个对立面：

它们互相排斥，生活空间不是艺术形象，艺术形象不是生活空间；它们互相依存，生活空间是艺术形象存在的依据，艺术形象是生活空间存在的表现；它们互相制约，生活空间的组织决定艺术形象的构成，艺术形象的构成又影响生活空间的组织；它们互相渗透，建筑的生活空间本身具有形象性，它可以是自由的或规则的，圆的或方的等，建筑的艺术形象具有空间性，它占有一定的空间；在一定的条件下它们还会互相转化。

例如故宫，过去主要是封建统治者活动的空间，经过民主革命，社会条件改变后转化为主要是供人们观赏的已故王朝的艺术形象；天安门城楼则相反，过去表现帝王威严的艺术形象，现在转化为节日庆祝活动的空间。这样我们就看到，人们有实用功效的劳动产品的普遍矛盾——物质资料与意识形态的矛盾在建筑的特殊体现就是生活空间与艺术形象的矛盾。这就是建筑的特殊矛盾。

（二）建筑的特殊矛盾的影响

它影响到建筑的各方面，在建筑的价值上存在实用和美观的矛盾；在建筑的构成方法上具有科学技术与艺术技巧的矛盾；在建筑创作构思过程中出现抽象思维（逻辑思维）与形象思维的矛盾；尤其重要的是建筑的实现要依靠一定的技术并耗费大量的劳动和材料，因而产生适用与技术的矛盾、美观与技术的矛盾、适用与经济的矛盾、美观与经济的矛盾等。至于哪对矛盾是建筑发展过程中起决定作用的主要矛盾，则需要根据不同发展过程做具体的分析。

（三） 建筑区别其他事物本质的特征

生活空间和艺术形象这对矛盾标志着建筑区别于其他事物的本质特征。一方面作为生活空间，它所体现的生活方式不仅包括人与物的关系，而且也包括人与人的关系（也就是说，建筑的生活空间不仅在功能上要满足人们的需要，而且在阶级社会中，功能要求本身在很大程度上取决于人与人之间的阶级关系）。

另一方面作为艺术形象，它表现的审美观念则不仅反映人与人的关系，而且也反映人与物的关系（也就是说，建筑的艺术形象不仅反映人们的生产关系和精神，而且也反映出生产力发展水平和物质生活）。因此，建筑既不同于仅仅是意识形态的艺术，又不同于作为生产工具的机器，而且有别于作为交通工具的汽车和轮船以及作为生活工具的器皿与服装等。

作为意识形态的艺术，存在审美观念与艺术形象的矛盾，但没有生活空间与艺术形象的矛盾，只有鉴赏价值而没有实用价值（不是说艺术没有功利性）。因此，建筑和艺术有相似的方面却又存在根本的、质的区别，这是显而易见的。

（四） 机器和建筑之间也存在质的区别

作为对人们有实用功效的劳动产品的机器，也是物质资料与意识形态的对立统一体，可是这一普遍矛盾在机器体现为生产工艺与机器结构的矛盾，因为在这里，意识形态作为存在的反映主要是以自然科学的形式出现，反映物的规律。机器结构也有形象，但它完全取决于物的规律，较少反映人与物的关系，完全不反映人与人的关系。不同于主要反映人与人和人与物的关系的艺术形象。

机器的某些特殊现象，如车辆和船舶与建筑有某种相似之处，尤其是大型客轮近于就是在水面上移动的旅馆建筑（可是它不是旅馆建筑，它不是供人寄宿的，而是交通工具）。这是因为：

一方面，车辆作为交通工具参与社会物质与精神生活的许多方面，船舶则在作为交通工具的前提下，是社会生活展开的一个特殊空间。也就是说在一定条件下它们具有生活空间的因素，不仅体现出功能要求，而且体现出人与人的关系，如舱位的等级，船长室和水手室的差别等。

另一方面，车辆和船舶具有相对独立于结构的外壳，因而它们的形象也有可能相对独立于物的规律，而在一定程度上通过它所表现的审美观念，进而反映出人与人和人与物的关系。不过，作为交通工具，物的规律终究占绝对支配地位，形象主要服从物的规律（科学技术），部分地反映出人与物的关系，较少地反映出人与人的关系；所以仍然不同于建筑。

（五）生活实用美术品虽然非常接近于建筑却有别于建筑

再看看实用美术品，如器皿、家具、服装等，物质资料与意识形态的普遍矛盾在这里体现为生活工具与艺术形象的矛盾。作为生活工具，它们比交通工具更多地参与生活的各方面，因而它们的形象也比交通工具更多地表现出审美观念，更多地反映出人与人的关系。

特别是，从流行的服装不仅可以看出社会物质生活的一个侧面，还可以看出人们的精神状态和时代风尚。为什么旧社会的长袍马褂现已绝迹，为什么中华人民共和国成立后干部服、中山装如此普遍，都充分说明这个问题。可是生活工具毕竟不等于生活空间，前者的构成远不如后者那样要耗费大量的物质资料和劳动；前者存在的时间远不如后者那样长；前者直接影响的是个人生活而后者往往直接影响社会生活。更重要的是矛盾不同，解决的方法也不同。

（六）建筑的特殊矛盾还标志出作为建筑的园林与郊野的区别

它们虽然是生活空间，但郊野是自然形象，园林是艺术形象，郊野也可能经过人们的加工，园林则是人们的作品。

那么，生活空间与艺术形象哪一个是主要的矛盾方面？建筑作为人们有实用功效的劳动产品，生活空间一般总是矛盾的主要方面。可是在不同条件下，矛盾双方力量的对比会发生变化，有时是根本的变化，艺术形象转化为矛盾的主要方面。

二、建筑设计的本质分析

空间是建筑设计的灵魂——我们也称之为建筑设计中的主角（protagonist）。建筑设计的本质在于虚无的空间。

建筑设计与音乐一样，类型的不同，给人的感受也不同。一般人都认为只有纪念意义的才算是建筑设计，像现在我们居住的民房根本不能算作建筑设计。这显然是错误的。建筑设计是一种艺术，我们无时无刻不生活在它的周围。建筑设计并不一定都是人类建造的。自然界里的崇山峻岭、幽谷深峡也可以算是建筑设计的一部分，在盐湖城我们便可以看到这种情况。

电视、电影、书籍、绘画、音乐，这一切我们都可以不理会，但是，在道路上，或者是楼房里行走的时候，我们不可能不看到建筑设计，因为我们不可能在当时闭上眼睛。建筑设计能够影响我们的思想，我们的思维方式，甚至我们的日常生活。因此，我们有必要了解建筑设计的基本要素。

从几何学的意义来说，空间只是一块空的区域，或者是空的容量，但是建筑设计师们却能够利用它们来表现各种特点。空间无处不在，然而特色的空间却因地而异。我们将在下面的章节里讨论影响空间特点的各种因素。

我们设想把四个高度相同的立柱分别垂直放置在一个水平正方形的四个顶点上。显然这些立柱之间并没有真实的面存在。因此，从几何学的角度来讲，在这些立柱之间和立柱的周围只有一个空间。但是，从建筑设计学的角度来说，这里却有两个空间，而且各有各的特点。

第一个空间是由四个立柱限制的容积。虽然没有任何有形的面将这些立柱联系起来，但是，站在这一容积里的人却不由自主地感觉到，任意两个相邻的立柱之间和四个立柱的顶部，都存在着无形的面。站在那里他会有一种身处于一个透明立方体的幻觉。因为当他身处其间时，他别无选择，只能在这个以立柱为框架的空间里看外面的世界。

因而，这个空间的特点就是身处其中的观察者体会到的压抑，我们也可以把这个空间称之为压抑空间。

当观察者身处这个所谓的立方体之外时，他便会感觉到第二个空间：也就是上述想象的立方体以外的空间。站在外面的平地上，观察者也许会，也许不会注意到这四个立柱。因此，与在立方体里相比，在外面他会感觉更自在一些。所以，外面空间的特点是自由，我们把这个空间称之为自由空间（当然，这里的自由只是相对意义上的，即使地面上只留下一根圆柱体，观察者也不可能感觉到完全的自由。这种情况就像在一张空白纸上画一个逗号）。

建筑设计学其实就是一门研究如何设计出各种特色空间的学问。这些空间给人的感觉可能是蛮不讲理的，可能是令人愉快的，可能是压抑的，也可能是别的什么感觉。

在研究建筑设计史的时候，人们总是将太多的注意力集中在以下几方面：建造了什么（墙壁、立柱、屋顶以及它们的比例），怎样建造（施工方式），建筑设计物表面处理方法

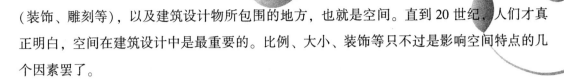

（装饰、雕刻等），以及建筑设计物所包围的地方，也就是空间。直到 20 世纪，人们才真正明白，空间在建筑设计中是最重要的。比例、大小、装饰等只不过是影响空间特点的几个因素罢了。

第三节　建筑设计的思维和方法

一、建筑设计思维的目的与意义

（一）设计思维与观念形成

思维的萌生是人的自觉意识的开端，思维的形成是人的精神的丰满。设计思维作为设计的一个过程，它是在对特定信息、概念、内容、含义、情感、思想等理解分析的基础上的构思和对视觉形象、表现方式的寻找。设计的目的就是创造有思想的生命。

思想观念的构成对设计思维方式会产生深远影响，而思维方式的差异又会影响思想观念的形成，二者相辅相成。设计师个人的生活经历及特定的社会文化传统、时代精神造就其潜在的心理结构，形成了自己独特的感受方式和知觉方式，这些经验也促成了其思想观念。思想观念一方面来自生活经历的概括、归纳，但更多的是受外在主体的各种理论的影响，这时思想虽不一定系统，但已进入理性阶段。人们需要关注的是思想观念不应"定型化"，抵御这种"定型化"能使人们不断地吸收新思想、新观念。新的思想会对设计创作起积极的作用，使思维方式更为开放。

（二）设计思维与文化修养

文化修养是思维表达的坚实基础和灵感中介。文化修养因人而异。建筑师、设计师的文化修养及其作品的质量与他本人的表达能力是密切相关的，从某种意义上讲，设计师的思维能力、综合能力、对其民族或地域文化的感悟能力以及时代感，都是其整体修养的体现。文化修养的高低，直接影响着设计思维的层次、能力和结构；同时，设计思维也限定表现思维的走向和状态。可见，表现思维活动和思维方式，在一定程度上依赖于文化本身，这种密切关系，也反映出一定的文化形态与文化风格对表现思维的制约。虽然，东西方的文化存在着差异，但东西方文化的相互影响与渗透是必然的，有意识地去学习他国或他乡的经验，自觉地去了解、比较东西方设计语言上的共性与个性，从思维方法到表达方式，甚至表现手段（媒介）上广泛地比较与学习，显然是有益的。对建筑设计而言，个性与民族性、地方性密切相关，这是提升对传统设计思维方式、构造技术等认识的关键。在学习传统了解地方文化之后，一个优秀的设计师在表达自己对现实生活的理解时，往往能在设计中得到一种与自己文化传统相关的精神。在这方面，老一辈设计师，无论是东方的，还是西方的，都有着杰出的表现。

修养离不开认识能力、判断能力和知识的深度与广度。对设计师来讲，理性与感性的平衡，对东西方文化的深入了解与比较，对传统与现实的深刻理解，三者都是设计与表达的重要基础。对待这些问题不能只用实用主义的态度来解决，修养高低只是相对而言，但作为认识与设计的基础，其研究都将是长期的、严肃的。对于设计师来讲，运用这种多元化的思维方法去开发设计表现的处女地，必将帮助我们获得认识问题与解决问题的能力，繁荣艺术创作和设计表达。

二、建筑环境设计思维方法分析

（一）建筑环境设计思维特征

建筑环境设计是一种创作活动，为此，设计者必须善于运用创造性思维方法，即运用创造学的一般原理，以谋求发现建筑创造性思维活动的某些规律和方法，从而促成设计者创造潜能的发挥。

1. 创造性思维的概念

创造性思维是一种打破常规、开拓创新的思维形式，其意义在于突破已有事物的束缚，以独创性、新颖性的崭新观念或形式形成设计构思。它的目的在于提出新的方法，建立新的理论，做出新的成绩。可以说，没有创造性思维就没有设计，整个设计活动过程就是以创造性思维形成设计构思并最终生产出设计产品的过程。

"选择""突破""重新建构"是创造性思维过程中的重要内容。因为在设计的创造性思维形成过程中，通过各种各样的综合思维形式产生的设想和方案是多种多样的，依据已确立的设计目标对其进行有目的性的恰当选择，是取得创新性设计方案所必需的行为过程。选择的目的在于突破、创新。突破是设计的创造性思维的核心和实质，广泛的思维形式奠定了突破的基础，大量可供选择的设计方案中必然存在着突破性的创新因素，合理组织这些因素构筑起新理论和新形式，是创造性思维得以完成的关键所在。因此，选择、突破、重新建构三者关系的统一，便形成了设计的创造性思维的内在主要因素。

2. 创造性思维的特征

（1）独特性

创造性思维的独特性是指从前所未有的新视角、新观点去认识事物，反映事物，并按照不同寻常的思路展开思维，达到标新立异、获得独到见解的性质。为此，设计者要敢于对"司空见惯""完满无缺"的事物提出怀疑，要打破常规，锐意进取，勇于向旧的传统和习惯挑战，也要能主动否定自己。这样才能不使自己的思维因循守旧，而闯出新的思路来。

（2）灵活性

灵活性是指能产生多种设想，通过多种途径展开想象的性质。创造性思维是一种多回路、多渠道、四通八达的思维方式。正是这种灵活性，使创造性思维左右逢源，使设计者摆脱困境，可谓"山重水复疑无路，柳暗花明又一村"。这种思维的产生并获得成功，主要依赖于设计者在问题面前能提出多种设想、多种方案，以扩大择优余地，能够灵活地变换影响事物质和量的诸多因素中的某一个，从而产生新的思路。即使思维在一个方向受阻时，也能立即转向另一个方向去探索。

（3）流畅性

流畅性是指心智活动畅通无阻，能够在短时间内迅速产生大量设想，或思维速度较快的性质。创造性思维的酝酿过程可能是十分艰辛的，也是较为漫长的。但是一旦打开思维闸门，就会思潮如涌。不但各种想法相继涌出，而且对这些想法的分析、比较、判断、取舍的各种思维活动的速度相当快。似乎很快就把握了立意构思的目标，甚至设计路线也能胸有成竹。相反，思维缺乏这种能力，就会呆滞木讷，很难想象这样的设计者怎么能有所发明，有所创造？

（4）敏感性

敏感性是指敏锐地认识客观世界的性质。客观世界是丰富多彩而错综复杂的，况且又处在动态变化之中。设计者要敏锐地观察客观世界，从中捕捉任何能激活创造性思维的外来因子，从而妙思泉涌。否则，缺乏这种敏感性，思维就会迟钝起来，甚至变得惰性、刻板、僵化。那么，创造性就荡然无存了。

（5）变通性

所谓变通性是指运用不同于常规的方式对已有事物重新定义或理解的性质。人们在认识客观世界的过程中，因司空见惯容易形成固定的思维习惯，久而久之便墨守成规而难以创新发展。特别是当遇到障碍和困难时，往往束手无策，难以克服和超越。此时，创造性思维的变通性有助于帮助设计者打破常规，随机应变而找到新的出路。

（6）统摄性

统摄性是指能善于把多个星点意念想法通过巧妙结合，形成新的成果的性质。在设计初始，设计者的想法往往是零星多向、混沌松散的。如果设计者能够有意识地将这些局部的思维成果综合在一起，对其进行辩证的分析研究，把握个性特点，然后从中概括出事物的规律，也许可以从这些片段的综合中，得到一个完整的构想。

综上，独特性、灵活性、流畅性、敏感性、变通性、统摄性是创造性思维的基本特征。然而，并非所有的创造性思维都同时具有上述全部特征，而是因人因事而异，各有侧重。

（二）建筑环境设计的思维方法

1. 环境构思

首先，要注意设计与环境的关系。设计任何一幢建筑物，其形体、体量、形象、材料、色彩等都应该与周围的环境（主要是建成环境及自然条件等）很好地协调起来。设计之初，设计者必须对地段环境进行分析，并且要深入现场、踏勘地形。一方面要分析环境特点及其对该工程的设计可能产生的影响，客观环境与主观意图的矛盾、主要矛盾、矛盾的主要方面、朝向问题还是景观问题、是地形的形状还是基地的大小、是交通问题还是与现存建筑物的关系问题等。抓住主要矛盾，问题就会迎刃而解。另一方面也要分析所设计的对象在地段环境中的地位，在建成环境中将要扮演的角色，是"主角"还是"配角"，在建筑群中它是主要建筑还是一般建筑，该地段是以自然环境为主，还是以所设计的建筑为主，在这个场地中建筑如何布置，采取哪种形体、体量较好……通过这样的理性分析，我们的构思才可能得以顺利开展，设计的新建筑才能与环境相互辉映、相得益彰、和谐统一。否则可能会喧宾夺主，各自都想成为标志性建筑，结果必然是与周围环境格格不入，左右邻舍关系处理不好，甚至损坏原有环境或风景名胜，造成难以挽回的后果。

其次，要注意城市环境中的构思。在城市环境中，建筑基地多位于整齐的干道或广场旁，受城市规划的限定较多。这种环境中如果该建筑是环境中的"主角"，就要充分地表现，使其起到"主心骨"的作用，如果不是"主角"，就应保持谦和的态度，"克己复礼"，自觉地当好"配角"。另外，设计者还要有城市设计的观念。从建筑群体环境出发，进行设计构思与立意，找出设计对象与周围群体的关系，如与周边道路的关系，轴线的关系，对景、借景的关系，功能联系关系以及建筑形体与形式关系等。

2. 主题构思

（1）主题与构思的关系

设计如同写文章一样，需要进行主题构思，形成自己的设计观念（或理念），问题是这个观念和理念又从何而来呢？应该说观念就是由主题而生的，由主题而来的，在没有主题之前，就不会有观念，有了主题之后才会有观念。

（2）主题构思的几点建议

在设计时，一定要重视主题构思，在未认清主题之前，要反复琢磨、冥思苦想。设计者也要避免把建筑创作变成一种概念的游戏，更不能牵强附会。

①积累知识，利用知识

在产生观念之前，应以知识为工具，借以认清主题、分析内容、了解情况，才能有正确的观念。因为知识是创作的工具，是创作的语言。例如，设计汽车站必须了解车站的管理办法、使用方式、历史及当前的发展趋势；了解交通流线的组织方式和节地的设计方式，有关的规划和设计的条例，以及借鉴好的旅客车站的平面空间布局特点和优点等。借用这些知识，针对设计的现实问题，可以借他山之石，激发自己的灵感，产生自己的"想法"。

因此，设计构思必须有充分的知识作为基础，否则连观念都弄不清，或主题都抓不住，盲目设计自然不会产生好的结果。

②调查认知，深刻思考

设计前要进行调查研究，要深入洞察，这样才可能做出良好的设计。如果不深入洞察，则观念就会空洞；如果只研究局部而不顾其他，则观念就会失偏离。

③发散思维，丰富联想

建筑创作的思维一定要"活"，要"发散"，要"联想"，要进行多种想法多种途径的探索。因此，方案设计一开始，必须进行多方案的探索和比较，在比较中鉴别优化。

④深厚的功力，勤奋的工作。建筑设计良好的观念固然重要，但是没有深厚的功力，缺少方法、技巧，缺少一定的建筑设计处理能力，也很难把好的观念通过设计图纸建筑语言表达出来。同时，也需要勤奋的工作，像着了"迷"似的钻进去，就可能有较清醒的思路从"迷"中走出来。

3. 仿生构思

建筑应该向生物学习，学习其塑造优良的构造特征，学习其形式与功能的和谐统一，学习它与环境关系的适应性，不管是动物还是植物都值得研究、学习、模仿。

形态仿生是设计对生物形态的模拟应用，是受大自然启示的结果。每一种生物所具有的形态都是由其内在的基因决定的；同样，各类建筑的形式也是由其构成的因子生成、演变、发育的结果。它们首先是"道法自然"的。今天，建筑创作也要依循大自然的启示、道理行事，不是模仿自然，更不是毁坏自然，而应该回归自然。在自然界中，生物具有各种变异的本领，自古以来吸引人去想象和模仿，将建筑有意识地比拟于生物。如美国肯尼迪机场的展翅形壳体结构，就是建筑师小沙里宁运用了仿生手法——建筑形象像一只展翅欲飞的大鸟设计而成的。

4. 地缘构思

在进行建筑创作时，一般都要了解它的区位，分析它的地缘环境——充分发掘建设地区的地缘文化、人文资源与自然资源，并根据这些人文资源和自然资源的特征内涵进行创作构思，特别是一些历史文化名城、名镇、名人旅游资源极丰富的风景区、旅游地等，它们是激发建筑师进行地缘构思的广阔空间，很多著名建筑师都曾走过这条创作之路。例如，南京是历史文化名城，六朝古都，人文荟萃，有"虎踞龙盘""钟山风雨"，有著名的紫金山、石头城、雨花石等广为人知的地缘特征。因此，近年来，很多大型公共建筑的创作，无论是中国建筑师还是国外建筑师在进行方案创作时都经常应用"地缘构思"法，以表达城市形象、人文精神。

5. 功能构思

在主题构思中我们提到，设计者对文化、社会和历史文脉的深刻理解是方案构思的重要基础。但是，需要强调的是建筑的计划，即立项的目标、功能的需求、运行管理模式、空间的使用与分配、建造方式以及特殊的使用要求和业主的意愿等，这些才是方案评判的最终依据，是塑造成功建筑首要的因素。即任何创作都有一个不能违背的共同的根本要求，那就是建筑建造的目的所需要的适应性及其可发展性，如美国纽约古根海姆美术馆的设计就是功能构思的典范。在进行这种构思时，建筑师与业主或使用者进行讨论，可以了解更多的信息，加强对业主意图的了解，深化对功能使用的理解，可以获得有助于解决问题的信息。功能构思一个重要的问题是功能定位。功能定位一般在业主的计划中是明确的，但是设计者对其的认识深度会影响着设计构思的准确性，对于一些综合性的建筑更要深入了解。

6. 技术构思

技术因素在设计构思中也占有重要的地位，尤其是建筑结构因素。因为技术知识对设计理念的形成至关重要。它可以作为技术支撑系统，帮助建筑师实现好的设计理念，甚至能激发建筑师的灵感，成为方案构思的出发点。技术构思中包含了结构因素和设备因素两方面。

结构构思就是从建筑结构入手进行概念设计的构思，它关系到结构的造型，建筑的建造方式，以及建构技术和材料等因素。结构形式是建筑的支撑体系，从结构形式的选择引导出的设计理念，充分表现其技术特征，可以充分发挥结构形式与材料本身的美学价值。

除了结构因素以外，还有各种设备，因此也可以从建筑设备的角度进行设计概念的构思。就空调来讲，采用集中空调设施和不采用集中空调的设施——以采用自然通风为主，二者设计是不一样的，因而也就有不同的建筑构思方案。例如，图书馆的设计要考虑节省能源，创造健康的绿色建筑，这是一种回归自然的思路。可采用院落式，以创造较好的自然采光和自然通风的条件。

（三）建筑环境设计思维过程

1. 发散性思维与收敛性思维相结合

发散性思维与收敛性思维相结合是建筑创作中激发创造性思维的有效途径。其中发散性思维是收敛性思维的前提和基础，而收敛性思维是发散性思维的目的和效果，两者相辅相成；而且它们对创造性思维的激发不是一次性完成的，往往要经过发散—收敛—再发散—再收敛，循环往复，直到设计目标实现。这是建筑创作思维活动的一条基本规律。

发散性思维是一种不依常规，寻求变异，从多方向、多渠道、多层次寻求答案的思维方式。它是创造性思维的中心环节，是探索最佳方案的法宝。由于建筑设计的问题求解是多向量和不定性的，答案没有唯一解。这就需要设计者运用思维发散性原理，首先产生出大量设想，其中包括创造性设想，然后从若干探索方案中寻求出一个相对合理的选择。如果思维的发散量越大，即思维越活跃、思路越开阔，那么，有价值的选择方案出现的概率就越大，就越能使设计问题求解得以顺利实现。

收敛性思维是指在分析、比较、综合的基础上推理演绎，从并列因素中做出最佳选择的思维方式。这种最佳选择有两个重要条件。一是要为选择提供尽可能多的并列因素，如果并列因素少，选择的余地就小；反之，并列因素多，选择的余地就大。这就需要发挥发散性思维的作用，提供更多的选择因素。二是确定选择的判别原则，避免盲目性。因为，不同的原则可能产生不同的判别结果，导致做出不同选择。

2. 求同思维与求异思维相结合

求同思维是指从不同事物（现象）中寻找相同之处的思维方法，而求异思维是指从同类事物（现象）中寻找不同之处的思维方法。由于客观世界万事万物都有各自存在的形式和运动状态，因此，不存在完全相同的两个事物（现象）。求同思维与求异思维的结合，能够帮助人们找到不同事物（现象）的本质联系，找到这一事物（现象）与另一事物（现象）之间赖以转换或模仿的途径。

仿生建筑是最为明显的例证。自然界的生物（动、植物）与建筑是完全不同的两个事物。但是，仿生学的研究打开了人们的创造性思路，从核桃、蛋壳、贝壳等薄而具有强度的合理外形中获得灵感，创造了薄壳建筑；树大根深有较强稳定性的自然现象启示人们建造了各式各样基座放大的电视塔等。

3. 正向思维与逆向思维相结合

正向思维是指按照常规思路、遵照时间发展的自然过程，或者以事物（现象）的常见特征与一般趋势为标准而进行的思维方式。这一思维与事物发展的一般过程相符，同大多数人的思维习惯一致。因此，可以通过开展正向思维来认识事物的规律，预测事物的发展趋势，从而获得新的思维内容，完成创造性思维。一般来说，正向思维所获得的创造性成果其特色不及逆向思维所产生的创造性成果引人惊奇。这是因为逆向思维的成果往往是人们意想不到的。逆向思维是根据已知条件，打破习惯思维方式，变顺理成章的"水平思考"为"反过来思考"。正因为它与正向思维不同，才能从一个新的视角去认识客观世界，有利于发现事物（现象）的新特征、新关系，从而创造出与众不同的新结果。

（四） 建筑环境设计思维表达

1. 草图表达

草图表达是仅次于语言文字表达设计的一种常用的表达方式。它的特点是能比较直接、方便和快速地表达创作者的思维，并且促进思维的进程，这是因为一方面图示表达所需的工具很简单，只要有笔、有纸即可将思维图示化，并且可以想到哪儿画到哪儿。

草图虽然看起来很粗糙、随意，也不规范，但它常常是设计师灵感火花的记录，思维瞬间的反映。正因为它的"草"，多数建筑师才乐于用它来发散思维，借助它来思考。用草图来思考是建筑设计的一个很重要的特征。那些认为有创造智慧的大脑会即时、完美地涌现出伟大的构思的想法是不切实际的，很多优秀的构思必须以大量艰苦的探索为基础，这种探索很大程度上要依赖于草图。这些草图，有的处于构思阶段的早期——对总体空间意象的勾画；有的处于局部的次级问题的解决之中；有的处在综合阶段——对多个方案做比较、综合。它们或清晰或模糊，但这些草图都是构思阶段思维过程的真实反映，也是促进思维进程、加快建筑设计意象物态化的卓有成效的工具，我们必须对此有足够的认识。从某种意义上讲，现在造成建筑设计水平不高的一个重要原因，就是设计师缺乏思考，自然少有构思草图。

2. 模型表达

模型表达在构思阶段也有非常重要的作用。与草图表达相比较，模型具有直观性、真实性和较强的可体验性，它更接近于建筑创作空间塑造的特性，从而弥补了草图表达用二维空间来表达建筑设计的三维空间所带来的诸多问题。借助模型表达，可以更直观地反映出建筑设计的空间特征，更有利于促进空间形象思维的进程。以前，由于模型制作工艺比较复杂，因而在构思阶段往往很少采用。但随着建筑复杂性的提高，以及模型制作难度的降低，模型表达在构思阶段的应用越来越普遍，它在三维空间研究中的作用犹如草图在二维空间中的作用一样，越来越受到设计师的重视。利用模型进行多方案的比较，直观地展示了设计者的多种思路，为方案的推敲、选择提供了可信的参考依据。

模型表达作为一种研究方法，人们强调运用工作模型帮助创造性思维，进行建筑造型研究，而不是用成果模型通过制作来表现最终设计成果。因此，具体掌握工作模型这一工具时，可用小比例尺，易于切割的泡沫块，按照创造性思维的意图，轻松而方便地进行体块的加加减减，以保证在研究形体时创造性思维不因手的操作迟缓而受阻甚至停顿。

3. 计算机表达

计算机表达的强大功能使得它在草图表达与模型表达的双重优点上显示出巨大潜力，它使二维空间与三维空间得以有机融合。尤其在构思阶段多方案的比较推敲中，利用计算机可以将建筑空间做多种处理与表现，可以从不同观察点、不同角度对其进行任意察看，还可以模拟真实环境和动态画面，使得建筑空间的形体关系、空间感觉等一目了然。与草图表达和模型表达相比较，计算机表达可以节省大量机械性劳动的时间，从而使得构思阶段的效率大大提高，有效推进思维的进程。从长远看，熟练掌握计算机技术不仅是建筑设计的工具、手段，也是一种方法。它应与手绘、模型媒介共同承担开发创造性思维与建筑设计表现的作用。一位优秀的设计者应能在这三方面协调发展，不断提高自己的潜能。

当然，设计过程不能完全依赖计算机，特别是在方案构思阶段和设计起步阶段，反而束缚甚至桎梏人的创造性思维对设计目标概念性的、模糊的、游移不定的想象。一旦沉溺于计算机工具，那么，"脑、眼、手"作为创造性思维赖以进行的互动链就会严重断裂。"人脑"就会因"电脑"代替了许多技术性工作而使思维边缘化。"人脑"就会迟钝起来。"手"就会被强势的"鼠标"取代，失去对创造性思维的控制。手做方案的感觉消失，最终也就越来越懒。"眼"逐渐被屏幕上匠气、冷漠、机械的方案线条和毫无艺术、失真的效果图替代，导致设计者创造性思维的潜能基础——人的专业素质、修养丧失。因此，计算机只是辅助设计的工具。它仅是人脑的延续，而不是人脑的替身，更不能代替人的思维，尤其是创造性思维。

4. 语言文字表达

长期以来建筑师运用专业"语言"——徒手画草图、建模型等工作，在深化方案、辅助思考、完善意图方面确实起到了很好的作用，然而这种训练也给今后的设计带来两种后果：一是走功能主义路线，缺乏建筑美感；二是纯粹追随形式，严重脱离建筑语境，导致本末倒置。反之，借助语言文字的思维长期以来没有给予足够的重视，甚至对想得多、说得好、做得相对少的学生予以打击。当今的建筑教育过于理性，模型、电脑工具早早把学生引入了理性的思考，而文字的描述能强化学生对空间的感性认识，尝试培养感性的意识，逐渐建立起理性和感性的关联，让擅长理性思维与擅长感性思维的学生都发挥出真正的作用。语言文字的思维一定程度上能弥补部分学生在图形表达上的弱势，增强其空间想象的信心，更有利于学生个性特征的发挥。

语言文字的思维还体现在教师与学生的交流方面。教师在授课时可采用"一对一"和"多对一"方式，使学生从教师之间一致性意见或有差异性的意见中受益，认识到设计没有唯一答案，"条条道路通罗马"，学会尝试不同。在点评学生模型或作业时，让学生各抒己见，大胆地发表意见，进行探讨、争论，从中产生思想的火花，使其自主权充分发挥，体会到自身的力量，他们相互评价模型或作业，增强自信心。

语言文字表达能力作为素质教育的重要内容，在现代设计教育体系中越来越发挥着重要的作用。在深化教育改革，全面推进素质教育的过程中，做好建筑设计专业语言文字表达能力工作，对于学生掌握科学文化知识，培养他们的实践能力和创新精神，全面提高学生素质具有重要意义。

总之，草图表达、模型表达、计算机表达和语言文字表达是构思阶段的主要表达方式。它们各有特点，对构思阶段的思维进程有着不可缺少的作用。但它们各自也有缺欠，如草图表达直观性差，模型表达费时费力，计算机表达太机械，语言文字表达显得空泛。这就使得思维阶段的表达要将这几种形式有机地综合运用，充分发挥各自优点，弥补彼此的不足，以便更好地促进创作思维向前进行。

第四节　建筑师的素养

激烈竞争的建筑设计市场对建筑师的素质提出了新的更高的要求。只有具备了良好的主观心态和优秀的专业水准，现代建筑师才能更好地为市场服务。

中国目前正处于大规模城市建设时期，随着建筑设计市场的逐步开放，在世界范围内产生了巨大吸引力，带来了无数的机遇，也带来了激烈的竞争。市场需要主观心态良好、专业水准优秀的建筑师，优秀的建筑师应该具备哪些方面的素质，可能是一个见仁见智的问题。对于长期在市场一线工作的建筑设计师和设计团队带领人来说，我们感到只有具备了良好的主观心态和优秀的专业水准，才能更好地服务市场。

一、对建筑师主观心态的要求

（一） 正确认识建筑师的天职

建筑师不是艺术家。因此，建筑师的首要职责是服务社会、以自己的一专之才满足社会的需求，而不是仅仅追求个人价值的实现。画家的一幅作品标价百万，即便无人问津，尚可孤芳自赏。而建筑设计的目的是建造和使用，需要社会投入大量资金、人力并且占用土地和环境资源。

建筑师不是理论家。对各种前卫建筑设计流派和时髦的主义与理论，建筑师可以了解，但不能将其视为工作核心，每必奉之。那些主义与理论属于建筑理论家、评论家、学术研究者、教育研究者的工作范畴，建筑师的首要职责不是夸夸其谈，而是脚踏实地地实现。

（二） 建筑师的团队精神

在西方人眼中，中国人的团队精神相对较弱，往往更注重个人利益。尤其在建筑行业中，建筑师作为"自由职业者"，工作有艺术性的一面，比较容易注重个人价值，而忽视团队精神。事实上，作为生产行业，建筑从设计到建造的复杂分工，使得严密的团队协作成为必需。

大型事务所的常见架构是在公司内部分为不同的设计小组，比如因为不同建筑类型的规范不同而分为商业、住宅、学校、办公楼小组等，小组间的互相协调是顺利完成大项目的保证。小组一般由资深建筑师带领，一味追求个人表现而不讲团队精神的设计师对小组的工作效率和工作结果都会造成一定影响。

（三） 不断学习的态度

优秀建筑师是由时代造就的。只要将身边 20 世纪 80 年代、90 年代和 21 世纪的建筑稍做对比，就能明显地感受到时代对建筑设计不断提高的要求。一般应用型人才，如书架型人才、工匠型人才，已难以适应时代的发展，而素质全面，接受继续教育能力强，智能型、创造型人才在时代的激烈竞争中愈来愈表现出充分的活力。建筑师需要学习的内容主要包括如下方面：

①新兴的工程技术和材料知识。

②新设计手段的学习。

③不断更新的市场环境。

二、对建筑师专业技能的要求

（一）做出正确决策的判断能力及将其贯彻下去的宏观控制能力

建筑设计的过程是从分析问题开始的。周边环境的建筑约束和文化约束、使用者的需求、项目的市场定位、建筑的性质和特征，都是建筑师必须纳入分析判断体系的影响因素，并形成最初的设计构想。这是对建筑师综合分析和判断能力的考验。

（二）具备足够的专业知识积累

积累是建筑师必不可少的过程，其中包括建筑技术方面知识的积累、建筑法规规范知识的积累、对国内外建筑作品的了解以及长期实践经验的积累。正是由于足够的积累对时间的要求，建筑设计被不太准确地称为"老年人的行业"。一般来说，建筑师的成熟期都在四五十岁以后，而50岁以下的建筑师都属于"青年建筑师"之列。现代主义大师柯布西耶设计最著名的朗香教堂时是63岁。建筑师需要充分积累，才能寻求到知识和创造力的平衡点。

积累的实现也来自对生活点滴事情的关注。

（三）对城市空间尺度、建筑群空间尺度的把握

创造良好的城市、建筑空间，始终是建筑设计的首要责任。空间尺度是建筑的基本问题，也是当前一些建筑师在追求建筑理念时容易忽略的问题。城市和建筑群的空间尺度存在着基本规律，只有掌握了这一规律，才不会导致建筑创作时的方向性失误。

（四）审美素养和造型能力

"坚固、实用、美观"是维特鲁威提出的最早判断建筑优劣的标准。审美素养是成为一个优秀建筑师的必要前提。人创造了建筑，建筑也改变着生活其间的人们。建筑的外观会潜移默化地影响使用者的审美和情绪。建筑的美观有不同的表现形式，文化建筑的美表现在温文尔雅，商业建筑的美表现在生机勃勃，建筑的审美取向一定程度上代表了一个城市和国家的特征，也是当地社会人文的重要组成。

（五）对建筑构件在空间和形象表现上的预知力

人们使用的是建筑物的空间，而建筑空间本身是由一系列不同功能和尺寸的构件组合

而成的。构件是建筑和人交流的最直接途径，极大地影响了人对空间的感受和对建筑的认知。建筑是不是随心所欲的雕塑，建筑师必须能够通过各种比例的图纸感受到建筑物建成足尺后的实际效果，对各种建筑构件在未来空间和形象表现中所起的作用具备较强预知力。这种能力需要长时间实践的培养逐步形成。

（六）对建筑功能的综合解决能力

对建筑功能的综合解决能力包括建筑内部功能布置和建筑群体中的场地设计和流线组织两方面。具体说来包括：建筑内部的水平和垂直交通；各使用空间的排布和组合；建筑物和城市道路周边环境的衔接；地面地下停车的组织；各建筑物间的协调关系；等等。

（七）对使用者的关注和了解

不同地区、不同民族、不同行业、不同年龄的人对同类建筑会有不同的需求。建筑师必须关注其差异，提出有针对性的设计方案。这就需要建筑师有丰富准确的生活体验，对各种社会现象进行积极的思考，善于和使用者沟通，这往往比设计本身更重要。

（八）表达和沟通能力

表达和沟通合称"交流"，是说明自身意图，进行讨论，并接受反馈意见的过程。包括建筑和思想两方面内容。建筑师的建筑表达能力，即将自己对空间和形态的设想用图的形式反映为具体的形象，这是建筑师的基本功。

首先是徒手绘图的能力，也就是我们常说的"手头功夫"。徒手绘图可以迅速而概括地表达设计意图，也可以用来记录，很适合于面对面的交流。

其次是电脑绘图。电脑绘图可以精确地绘制图纸，易于修改，也可以很真实地表达建筑形象和空间氛围，能够缩短图纸和现实的距离，在专业人士和非专业人士的交流中必不可少。

（九）组织协调能力

建筑设计是一个分工协作的复杂过程，历史上著名建筑的设计通常历时数十年甚至上百年。在这样长的时间里，建筑师一方面要负责设计工作，另一方面要面对很多不可预见的矛盾和变故，及时进行协调解决。

三、优秀建筑师应具备的素质

①精力充沛，至少每周做最喜爱的团体运动一次或更多，比如足球、篮球。

②良好的沟通能力，不论对象是什么样的甲方。

③相当优秀的专业技能，广阔的视野。

④能以平和的心态面对任何问题。

⑤相当强的组织能力和很好的逻辑。

除此之外，注意生活的细节，干净整洁的模型室，幽默，外貌具有建筑师气质，有亲和力均可以加分，建筑师的概念应是从事设计工作的建筑工作者，概括地说建筑师应具备以下素质：

①做出正确决策的判断能力及将其贯彻下去的宏观控制能力；

②具备足够的专业知识积累；

③对城市空间尺度、建筑群空间尺度的把握；

④审美素养和造型能力；

⑤对建筑构件在空间和形象表现上的预知力；

⑥对建筑功能的综合解决能力；

⑦对建筑物使用者的关注和了解；

⑧表达和沟通能力；

⑨组织协调能力。

建筑师要有高尚的道德修养与精神境界，要学会做人，把社会整体作为最高的业主。要融入整个社会中，参与建设的全过程。一个建筑师的素养，既包括他的专业技能，也包括他的创作哲理和他的人品、合作精神，这三者都一样重要。一个成功的建筑师，勤奋、才能、人品、机遇是缺一不可的。勤奋是要努力工作，刻苦学习，向书本学，向别人学，还要结合建筑专业的特点去学，才能既包括理论知识和设计技能，还包括建筑设计的思维方法和创作哲理，人品是做人的守则和职业道德，机遇是靠平时的积累和创造。

我们国家正处在一个经济建设大发展的时期，作为一个中国建筑师，正遇上一个从事建筑创作的黄金年代，我们应该十分珍惜这个来之不易的创作环境，不断探索、勤奋工作，我们每个人可以根据自己的经历和环境，寻找最适合自己从事建筑创作和发展的工作模式，为创作更多有中国特色的现代建筑而努力。

作为一名建筑师，首先应该以一种积极的态度面对建筑所存在的环境，无论是人文环境或是自然环境。无论是建筑物自身的存在或是其所伴随的意义，建筑都应该能够对其所处的环境产生一定的影响，不应该成为周边环境的负担。建筑的内部空间与外部环境都应遵循某种秩序，以具逻辑性和有节制性的控制手法，贯穿于整座建筑作品中。

比如，一个复杂的工程，最重要的就是从组织设计、安排施工到项目管理与监理督察，要有适当的运作系统。如果每一个环节都营运良好，做出优良的建筑作品并不困难。其中，施工单位自身管理体系必须健全，因为很多对质量的要求是很基础的。

建筑师应具备社会责任感。可以说，建筑师是非常值得自豪的职业，因为他在人类的文明中直接担负着重大的责任。建筑创作需要建筑师具有丰富的想象力和勇于探索的精神，但同样需要严肃认真的科学态度。

建筑创作不只是一种个人的自我体现。一个有责任心的建筑师应当有为社会服务，脱离了现实的建筑师就会一事无成。因此，一个建筑设计师有没有社会责任感是评价其是否成功的非常重要的标准。

同时，建筑师要有执着的工作态度，在完成一项设计时，如同完成一部电影作品一样，你只要想象出一个画面，就要千方百计去实现这个画面，无论遇到什么困难，你的想法不能改变，必须结合整个工作流程的各方面才能将原始的设计意念完整地传送到最终的作品中。

思考题

1. 人体工程学的主要内容是什么？

2. 简述建筑与建筑设计的本质。

3. 建筑设计思维的目的与意义是什么？

4. 建筑环境设计思维特征是什么？

第二章 建筑空间设计

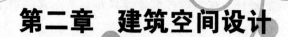

导　读

建筑空间是人们为了满足生产或生活的需要，运用各种建筑主要要素与形式所构成的内部空间与外部空间的统称。它包括墙、地面、屋顶、门窗等围成建筑的内部空间，以及建筑物与周围环境中的树木、山峦、水面、街道、广场等形成建筑的外部空间。

学习目标

1. 了解建筑空间的概念。
2. 学习建筑空间类型的知识。
3. 理解建筑空间与行为的知识。
4. 掌握建筑空间组合设计的知识。

第一节　建筑空间的概念

一、概念

建筑空间可以界定为通过对建筑实体的规划、设计与建造而取得的，包含了建筑实体的外部与内部，具有自身独特文化属性的，对周围与内部环境产生持续影响的空间。

（一）概念与特性

建筑学领域的空间是指人们为了满足生产或生活的需要，运用各种建筑主要要素与形式所构成的内部空间与外部空间的统称。

空间是人类有序生活组织所需要的物质产品，是人类劳动的产物，有的书上称之为"建成环境空间"。人类对空间的需要，是一个从低级到高级，从满足生活上的物质需要到满足心理上的精神需要的发展过程，受当时科技水平和经济文化等因素的制约。人的主观要求决定了空间的基本特性，反过来，建筑空间也会对人的生理和心理产生影响，使之发生相应的变化，两者是相互影响、相互联系的动态过程。因此，空间的内涵及概念不是一成不变的，而是处于不断生长、变化的状态之中。

一般说来，一个围合空间需要若干个面，但一个或几个平面也可以暗示、划分，甚至限定空间，只不过这些空间所表达出的空间特性不同而已。如六个面构成明确的封闭空间，只要有一个面发生了变化，整个空间性质就会随之改变。在实例中，设计对象往往由各种不同性质、特性的空间组合而成，这就要求我们对各种不同空间及其相互之间的联系与组合关系进行深入研究。

（二）分类

根据不同标准，建筑空间可以有多种分类。

1. 内部空间与外部空间

建筑空间可以分为内部空间和外部空间。内部空间通常由六个面（地面、顶棚和四个墙面）围合而成。外部空间，即城市空间，通常由建筑物的外墙面以及其他人为物和自然物围合而成，有时又被称为"没有屋顶的房间"。

2. 单一空间与复合空间

单一空间的构成可以是正方体、球体等规则的几何体，也可以是由这些规则的几何体经过加、减、变形而得到的较为复杂的空间。单一空间之间包容、穿插或者邻接的关系，构成了复合空间。

一个大空间包容一个或若干小空间，大、小空间之间易于产生视觉和空间的连续性，是对大空间的二次限定，是在大空间中用实体或象征性的手法再限定出的小空间，也称为"母子空间"。但是大空间必须保持足够的尺度上的优势，不然就会让人感到局促和压抑。有意识地改变小空间的形状、方位，可以加强小空间的视觉地位，形成富有动感的态势。许多小空间往往因为有规律地排列而形成一种重复的韵律感。它们既有一定的领域感和私密感，又与大（母）空间有相当的沟通，能很好地满足群体与个体在大空间中各得其所，融洽相处的一种空间类型。

3. 封闭空间与开敞空间

封闭空间与开敞空间常常是相对而言的，具有程度上的差别，它取决于空间的性质及与周围环境的关系，以及视觉及心理上的需要。开敞的程度取决于有无侧界面、侧界面的围合程度、开洞的大小及开启的控制能力等。

用限定性比较高的围护实体（承重墙、各类后砌墙、轻质板墙等）围合起来，在视觉、听觉等方面具有很强隔离性的空间称为封闭空间。封闭性割断了与周围环境的流动和渗透，其特点是内向、收敛和向心的，有很强的区域感、安全感和私密性，通常也比较亲切。随着维护实体限定性的降低，封闭性也会相应减弱，而与周围环境的渗透性相对增加，但与虚拟空间相比，仍然是以封闭为特色。在不影响特定的封闭功能的原则下，为了打破封闭的沉闷感，经常采用落地玻璃窗、镜面等来扩大空间感和增加空间的层次。

开敞空间的开敞程度取决于有无侧界面、围合程度、开洞的大小及启闭的控制能力等。相对封闭空间而言，开敞空间的界面围护的限定性很小，常采用虚面的形式来围合空间。开敞空间是外向性的，限定度和私密性小，强调与周围环境的交流、渗透，通过对景、借景等手法，与大自然或周围空间融合。与同样大小的封闭空间比较，开敞空间显得更大一些，心理效果表现为开朗、活跃，其"性格"是接纳性的。

从空间感来说，开敞空间是流动的、渗透的，受外界影响较大，与外界的交流也较多，因而显得较大，是开放心理在环境中的反映；封闭空间是静止而凝滞的，与周围环境的流动性较差，私密性较强，具有很强的领域性，因而显得较小。从心理效果来说，开敞空间常常表现得开朗而活跃；封闭空间表现得安静或沉闷，它是内向的、拒绝性的，私密性与安全感较强。在对景观的关系和空间性格上，开敞空间是收纳而开放的，因而表现为更具公共性和社会性，而封闭空间则是私密性与排他性更突出。对于规模较大的环境来说，空间的开放性和封闭性需要根据整个空间序列来考虑。

4. 固定空间与可变空间

（1）固定空间

固定空间一般是在设计时就已经充分考虑了它的使用情况，比如功能明确、位置固定、范围清晰肯定、封闭性强等，也可以用固定不变的界面围合而成。常用承重结构作为它的围合面。其特点是：

①空间的封闭性较强，空间形象清晰明确，趋于封闭性；

②常常以限定性强的界面围合，对称向心形式具有很强的领域感；

③空间界面与陈设的比例尺度协调统一；

④多为尽端空间，序列至此结束，私密性较强；

⑤色彩淡雅和谐，光线柔和；

⑥视线转换平和，避免强制性引导视线的因素。

（2）可变空间

可变空间又叫灵活空间、流动空间，与固定空间相反，可变空间可以根据不同的使用功能的需要而改变其空间形式，是受欢迎的空间形式之一。可变空间往往具有开敞性和视觉导向性的特点，界面组织具有连续性和节奏性，空间构成形式变化丰富，常常使视点转移。空间的运动感就在于空间形象的运动性上。界面形式通过对比变化，图案线型动感强烈，常常利用自然、物理和人为的因素造成空间与时间的结合。动态空间引导人们从"动"的方式观察周围事物，把人们带到一个由空间和时间相结合的"四维空间"。

可变空间的优点主要体现在：

①适应社会不断发展变化的要求，适应快节奏的社会人员变动而带来空间环境的变化。

②符合经济的原则。可变空间可以随时改变空间布局，适应使用功能上的需要，从而提高空间使用的效率。

③灵活多变性满足了现代人求新、求变的心理。如多功能厅、标准单元、通用空间及虚拟空间都是可变空间的一种。

5. 动态空间与静态空间

根据感受，建筑空间可以分为动态空间和静态空间。动态空间是利用建筑中的一些元素或者形式给人们造成视觉或听觉上的动感；安静、平和的空间环境也是人们生活所需，与动态空间相比，静态空间形式稳定，常采用对称式和垂直水平界面处理。

6. 虚拟空间与实体空间

虚拟空间是指在界定的空间内，通过界面的局部变化，如局部升高或降低地坪或天棚，或以材质的不同，色彩的变化，而再次限定空间。它不以界面围合作为限定要素，只是依靠形体的启示和视觉的联想来划定空间；或是以象征性的分隔，造成视野通透，借助室内部件及装饰要素形成"心理空间"。这种心理上的存在，虽然本是不可见的，但它可以由实体限定要素形成的暗示或由实体要素的关系推知。这种感觉有时模糊含混，有时却清楚明晰。空间的形与实体的形相比，含义更为丰富和复杂，在环境视觉语言中具有更为重要的地位。虚拟空间的范围没有十分完备的隔离形态，也缺乏较强的限定度，只是依靠部分形体的启示，依靠联想和"视觉完整性"来划定的空间。它可以借助各种隔断、家具、陈设、绿化、水体、照明、色彩、材质，结构构件及改变标高等因素形成。这些因素往往也会形成重点装饰。

而实体空间则是由空间界面实体围合而成，具有明确的空间范围和领域感。实体空间主要是指范围明确，界面清晰肯定，具有较强的领域感的空间。空间的围合面多由实体的材料构成，一般不具有透光性，所以有较强的封闭性，往往和封闭空间相联系，可以保证一定的私密性和安全感。

7. 其他分类

（1）交错空间

交错空间就是使空间相互交错配置，增加空间的层次变化和趣味。现代空间设计不满足于封闭规整的方盒子式的简单层次，在空间的组合上常常采取了灵活多样的手法，形成了复杂多变的空间关系。

（2）结构空间

建筑要依靠结构才能实现，现代建筑空间的结构也是多种多样的。以往人们总是把建筑结构隐藏起来，表面加以装饰，而随着对结构的认识越来越深刻，人们发现结构与形式美并不一定是矛盾的，科学而合理的结构往往是美的形态。通过对结构外露部分的观赏，来领悟结构构思及营造技艺所形成的空间美的环境，称为结构空间。结构的现代感、力度感、科技感，比之烦琐和虚假的装饰，更加具有震撼人心的魅力。

（3）迷幻空间

迷幻空间主要是指一种追求神秘、新奇、光怪陆离、变化莫测的超现实主义的、戏剧化的空间形式。设计者从主观上表现强烈的自我意识，利用超现实主义艺术的扭曲、变形、倒置、错位等手法，把家具、陈设、空间等造型元素组成奇形怪状的空间形态。

（4）沉式空间

局部地面下沉，在统一的空间中产生了一个界限明确、富有变化的独立空间，可以适应于多种性质的空间。由于下沉空间地面标高比周围低，因此，会产生一种隐蔽感、保护感和宁静感，私密性较强。随着地面高差的增大，私密性增强，对空间景观的影响也更加显著。高差较大时应设置围栏。

（5）地台式空间

与下沉式空间相反，将地面局部升高也能塑造一个边界明确的空间，但其功能、效果也几乎与下沉空间相反，适用于惹人注目的展示或眺望空间，便于观景。

（6）母子空间

在大空间中围隔出小空间，采用封闭与开敞相结合的办法，增强亲切感和私密感，强调共性中有个性的空间处理，更好地满足人们的使用和心理需要。

（7）凹室与外凸空间

凹室是在大空间中局部退进的一种空间形态，可以避免空间的单调感。其通常只有一面开敞，因此，会形成较为私密的一角，具有清静、安全、亲密的特点。外凸空间与凹室是相对而言的，对内部空间而言是凹室，对外部空间而言是向外突出的空间。

（三）功能

建筑空间的功能包括物质功能和精神功能，二者是不可分割的。物质功能体现在建筑空间的物理性能，如空间的面积、大小、形状、通行空间、消防安全空间等措施。同时还要考虑到采光、照明、通风、隔声、隔热等物理环境。建筑空间的精神功能是建立在物质功能基础之上，在满足物质功能的同时，以人的文化、心理精神需求为出发点，从人的爱好、愿望、审美情趣、民族风俗、民族风格等方面入手，创造出适宜的建筑室内环境，使人们获得精神上的满足和美的享受。满足人们物质与精神要求的室内外空间，与经济条件、设计师的艺术修养、人们的审美要求等许多因素密不可分。

（四）原理

空间艺术设计是建筑与室内设计的主角，正确理解掌握空间的概念，是从事城市规划、建筑设计、园林设计和室内设计的人员必备的基本素质和要求。无论是建筑设计还是室内设计，一项重要的设计内涵就是对空间的无限想象与创造。

空间是"物质存在的一种客观形式，由长度、宽度和高度表现出来"。被形态所包围、限定的空间为实空间，其他部分称为虚空间，虚空间是依赖于实空间而存在的。所以，谈空间不能脱离形体，正如谈形体要联系空间一样，它们互为穿插、透露，形体依存于空间之中，空间也要借形体做限定，离开实空间的虚空间是没有意义的；反之，没有虚空间，实空间也就无处存在。

（五）地位

建筑空间被认为是建筑的最基本内容，建筑的特性就在于它使用这种将围合在其中的三度空间形式来表达自己的使用价值和艺术价值，并且这些价值只能通过直接的体验才能领会和感受，而体验的过程又必须是一个时间的延续，这就为建筑空间增添了新的一度，而使之成为四度空间。因而，创造完美的建筑空间和创造完美的建筑形式一样，对于建筑设计至为重要。

（六）空间形态的启示

不同尺度形状的界面所组成的空间，由于形态上的变化，会给人不同的心理感受。可以说，空间的设计就是空间形态的设计。那么，在物化存在的概念上，空间形态实际上是由实体与虚空两个部分组成，空间形态的构成就如同虚实之间的一场空间游戏。

就空间形态的造型语言来说，主要有直线与矩形、斜线与三角形、弧线与圆形三种空间类型以及由此引申出的各种综合形态。

1. 直线与矩形

直线与矩形是各类空间中最常用的形式，这是由于建筑构造本身所具有的特点决定的。直线与矩形的方向感、稳定感、造型变化的适应性都较强，而且，从选材与构造上看，也比较经济。中国传统建筑正是运用直线与矩形创造出变化极为丰富的空间样式。

2. 斜线与三角形

它实际上是直线与矩形在方向表现上的异化。从使用功能的意义上讲，斜线与三角形的空间形态设计难度最大，往往只适合于特定场所。但是，正是由于斜线与三角形的这种特点，往往能变不利因素为有利因素，成为出奇制胜的法宝。

3. 弧线和圆形

它是个性强、变化丰富的空间形态。弧线具有很强的空间导向性。弧线与圆形在室内设计中能够塑造特殊的空间形态，淡化或强化空间的方向感。同一个圆形平面内，内弧位置方向感最弱，而外弧位置方向感最强；在同样面积的空间中，圆形的容积率最大，同时圆形的向心感也最强。

二、组织与界面

（一）组织

建筑空间的组织是建筑空间设计的重要内容，其组织的方式决定了空间之间联系的程度。首先应根据空间的物质及精神功能进行构思，一个好的方案总是根据当时当地的环境，结合建筑功能要求进行整体筹划，分析矛盾主次，抓住问题关键，内外兼顾，从单个空间的设计到群体空间的序列组织，经过反复推敲，使空间组织达到科学性、经济性、艺术性以及理性与感性的完美结合。

研究空间设计就离不开平面图形的分析和空间图形的构成。空间的组织与构造，与空间的形式、结构和材料有着不可分割的联系。居住空间的环境设计应该充分利用空间处理的各种手法，如错位、叠加、穿插、旋转、退台、悬挑等，使空间形式构成得到充分的发展。

1. 空间的限定与分隔

空间的限定与分隔，应处理好不同的空间关系和分隔层次，主要表现在封闭与开敞、静止与流动、空间序列的开合与抑扬等关系中。建筑物的承重结构，如墙体、柱、楼梯等都是对空间分隔的确定因素，利用隔断、罩、帷幔、家具、绿化等对空间进行分隔时，设计师不能忽视它们的装饰性。

三条相互作用的垂直线可以构成空间的垂直界面，当然这只是一种弱的限定。然而，增加垂直线的数量，明确基面的边界，或者垂直线上端用水平面联系在一起，都会加强这一空间的边缘界线，提高限定的强度。

建筑结构和装饰构架。利用建筑本身的结构和内部空间的装饰性构件进行分隔，具有力度感和安全感，构架以其简练的点、线要素构成通透的虚拟界面。

屏风、不到顶的隔墙、较高的家具来划分，是局部分隔；而用低矮的面、罩、栏杆、花格、构架、玻璃、家具、绿化、水体、色彩、材质、光线、高差、悬垂物等因素分隔空间，属于象征性的分隔。这种方式的分隔限定度很低，空间界面模糊，但能通过人们的联想和"视觉完整性"而感知，侧重于心理效应，在空间划分上是隔而不断，流动性很强，层次丰富。

垂直于地面的两个平行面可以限定它们之间的空间，并沿两个面的对称轴产生朝向开敞端的方向感。该空间的性格是外向性的、富有动感和方向性的。如果平行面的色彩、质感、形状有所变化，可以调整空间形态和方位特征。多组平行面可以产生一种流动的、连续的空间效果。

垂直于地面的 U 形具有较强的围合空间的能力，并形成朝向开敞端的方向感。在 U 形的底部，空间较封闭，越靠近开敞端，空间越具有外向性。开敞端可带来视觉上的连续性和空间的流动性。在 U 形的底部中心造成某种变化，可以形成视觉中心。

2. 空间的组合与联系

空间组合有以下几种方式：

包容性组合。以二次限定的手法，在一个大空间中包容一个小空间。

对接式组合。多个不同形态的空间按照人们的使用程序或是视觉构图需要，以对接的方式进行组合，组成一个既保持各单一空间的独立性，又保持相互连续性的复合空间。

穿插式组合。以交错嵌入的方式进行组合的空间，既可形成一个有机整体，同时又能够保持各自相对的完整性。

过渡性组合。以空间界面交融渗透的限定方式进行组合，其重叠部分根据功能、结构和形式构图的要求可以为各个空间所共有，也可以成为某一空间的一部分。

综合式组合。综合自然及内外空间要素，以灵活通透的流动性空间处理进行组合。

（二）界面

建筑空间界面，即围合成空间的底面（如楼、地面）、侧面（墙面、隔断等）和顶面

（天花）。人们虽然使用的是空间，但直接看到、触及的却是界面实体。在绝大多数空间里，这几个界面之间的边界是分明的，但有时由于某种功能或艺术上的需要，边界并不分明，甚至浑然一体。因此，我们必须从整体的设计观出发，把空间与界面结合在一起进行分析与处理。

空间界面的设计，既有功能技术的要求，也有造型艺术的要求。不同界面的艺术处理都是对形、色、光、质等造型因素的恰当运用，有共同规律可循。而且，作为材料实体的界面，必将涉及材料构造、空间构图和设备设施等诸多方面的问题。对于不同的空间界面，有一些共同的要求，如耐久性及使用期限；防火及耐火性能；无毒环保、必要的隔热保温、隔音吸音性能；易于安装和施工；美学及相应的经济性要求等。

第二节　建筑空间类型

一、空间的类型

空间有物质存在的广延性。空间包括向心的焦点式空间，区域性空间，由边墙形成的方向性的空间。限定空间的要素多种多样，空间之间有互相连接的体制，有由各种功能所限定的空间，空间还可以划分为垂直的、水平的、彼此层次交错的，等等。

由建筑形成的外部空间有许多种类型，创造在空间中有焦点的开阔空间是建筑群体设计中常用的手法。在有焦点的开阔空间中，有面向外部三面围合的空间；也有以线为引导至焦点的连续式开阔空间。利用建筑的边角组合，把空间中的视线焦点若隐若现地布置，创造一种隐藏焦点式的空间，使人们在连续的空间中不时地发现新的视觉焦点，使空间产生富于变化的情趣。欧洲中世纪的街巷布局有不少这种空间处理实例。

二、方向性空间，底景和轴线

自古以来，宏伟的底景是建筑家创造环境景观最常用的手法，但遗憾的是，近代建筑师们过分强调自我表现意识而忽视环境的整体性，在许多城市建设中把原有城市中宏伟的底景埋没在杂乱的楼海之中，破坏了景观。在城市的改建中，要关注保护那些历史性的底景建筑，如巴黎、华盛顿、莫斯科等历史文化名城，至今保持着城市中精心安排的宏伟的底景。

封闭的底景不同于宏伟的底景，它运用封闭的外围环境反衬出底景的重要性，是有效强调重点景观的手法。封闭的底景景观是中心透视法在空间中的运用。在这种空间设计中，主要以建筑之间的距离、方向及大小的关系为依据。古代人没有空间一词，但希腊人心目中的空间，实际上就是建筑的位置、距离、范围和体积。封闭的底景是在中心透视的空间中，加强基本点的处理手法，特别是导向建筑的入口，达到具有纪念性的雕塑式的重点景观。

三、流线空间——通过、连续性

当人迷路的时候，建筑师马上就会想到：在城市中，建筑布局的流线组织该是多么重要。明确的流线使人们心中如同有一幅地图，自然而然地引导你到要去的地方。因此，任何环境中都必须有表达通顺而明确的流线体制。组织城市与建筑的流线时，要以主体建筑为核心，形成连续的流线，再通过下一个次要流线空间，每个流线空间之间，空间流线之后，应与下一个区域有明确的联系。在组织流线中，每一部分应有自己的称呼，以便人们找到要去的地方。

人们由一种性质的场所进入另一种性质的场所时，要有一个通过感的过渡，如门楼、门洞、牌楼、出口和入口等。通过一系列必须穿过的处理得当的程序，能增加环境的特色、加深人们"通过"的印象。通过的标志是空间之间的过渡形式，例如由公共性街道通过门楼到达内院，门楼的过渡作用加深了人们心理上的"到家之感"。因为，人在街道上保持的是公共性的行为举止，通过门楼之后，则改变为进入了私密性空间之中的私密性的行为举止，这就是"通过"在人们的行为心理上留下的意义。

一个完善的整体之中的各部分必须连续地结合在一起，如果任何一部分被删去或移动位置，就失去了连续性。如果整体中的某些部分可有可无，它就不是整体中真正的一部分。各部分之间靠连续性结为整体，因此连续性也是体现形式美的手段，是环境构图中的一项基本要素。我们所说环境景观中的连续性不仅是形象上的，还是感觉中的。连续性产生第四度空间——时间性。在连续性构图中，有空间序列组织，空间之间的连续，墙面、地面、顶棚，室内外的光与色、影的连续等。

四、并置形成的轴线空间

并置的物体具有强烈的导向作用，笔直的道路必然引向一个入口。道路有两个方向，即是并置的概念。如果道路两侧建筑的入口略作倾斜，则可使入口显得更为明显。如果建筑的入口隐藏在道路的一边，人们会认为道路必定是回旋通过建筑物后面的入口，因为人们总是根据并置的观念认识外围环境。因此，并置是环境空间设计中用来强调某一部分的重要手法，常被用来加强建筑某一部分的重要性，如建筑的入口，以及形成或强调轴线等。

在建筑中最重要的组织空间和形式莫过于轴线。轴线贯穿于两点之间，围绕着轴线布置的空间和形式可能是规则的或不规则的。虽然轴线看不见，但强烈地存在于人们的感觉之中。沿着人的视觉轴线有深度感和方向感，轴线的终端指引着方向，轴线的深度及其平面与立面的边角轮廓决定了轴线的空间领域。轴线也是构成对称的要素，轴线也可以转折，产生次要的辅助轴线。运用轴线组织与安排城市以及建筑的景观构图，可以达到环境设计的完整统一。

五、地下空间

为了应对地球上不断恶化的生态环境，经济技术发达的国家首先开发了地下空间和覆土建筑。利用现代科学技术手段使地下的生存空间具有良好的通风采光等物理效应，再加上现代化的生活设备，使室内冬暖夏凉，外部则利用顶部土进行绿化。发展地下空间对于保护自然环境、促进生态平衡、节约能源等方面非常有利。地下建筑的平面、入口、采光、设备通风等设计特征与地面建筑很不相同。地下空间展示了建筑学发展的未来方向。

对不同标高地形的地下空间，在坡形地段的地下空间，以及全部埋在地下的地下空间各有不同的处理手法。美国建筑师沙利文设想的球形的地下空间寓于大地风景之中。

地下覆土建筑着重空间的处理，例如中国的地下窑洞民居，保持了中国传统四合院的格局，有正房、厢房、厨房、仓库、饮水井、渗水井以及饲养牲畜的栏棚，在自然环境中形成一个舒适的地下庭院。地下空间体现了功能与材料的统一，是没有建筑的建筑空间。它在人与自然的关系中表现了人工与自然的结合。窑洞受环境和自然条件的支配，人工融于自然之中。在人们与传统关系之中，它表现了传统民居的格局、风格特点和崇尚自然的哲学思想。但是，我们要明确的是窑洞民居不是建筑而是建筑空间。

六、功能空间

两千年前，老子在《道德经》中提出"无"才是使用空间，有功能的作用。这正是近代建筑理论中的功能空间论，建筑的功能部分不在于建筑本身，而在于建筑所形成的空间。建筑空间论代替了传统的建筑六面体的房间概念，功能空间的形式取决于人的行为环境的要求。有建筑结构空间所形成的形式，也有预想的、理想的、舒适的空间形式，还有强制式的空间形式。

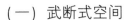

（一）武断式空间

武断式空间是按人活动的小的尺度安排设计的空间尺寸，取得最经济合理的功能效果，如人们的洗浴空间、火车卧铺车厢中的上下铺位的空间尺寸、飞机上的厕所等都是武断式的不得自由活动的空间，这种空间设计受到某种条件限制，必须节约每一尺寸，不能浪费。

（二）由结构形成的空间形式

在许多大跨度结构或特殊功能需求的建筑空间中，结构合理是最重要的设计要素，建筑空间要服从结构的需要，例如影剧院的设计，要容纳一定规模的观众厅空间，以及舞台布景上下升降需求的高大空间形成的大跨度观众厅和厢式舞台形式。

（三）根据需要决定的舒适空间

根据需要设计的舒适空间以空间的舒适性为主，其他设计要素都要服从于空间的舒适性，例如淋浴空间要适合淋浴中各种动作的舒适性要求。

第三节　建筑空间与行为

建筑从它诞生之日起就提供了一个有别于自然的人工环境，因此它所包含的内容不仅是一个为满足某种功能而具有一定容积的空间，还具有各种对人能产生生理、心理和社会意识等方面影响的因素，并由所有的因素来构成建筑环境。对于建筑的某些环境因素，如物理环境因素，可以通过数据和仪器清楚地区别其数量和质量；但对空间环境因素就比较难给以明确的区分，因此在设计中一项颇为困难的工作就是处理好空间环境因素在建筑中的应用。

在设计中，可考虑用人工的手段来改变某些方面的因素，如温度、湿度、照度等，然而要改变空间的几何尺寸与形态就很难了，它的使用者——人的尺寸更是无法改变的。因此，必须正确理解建筑空间环境因素。只有"以人为本"，从使用者的角度出发，才能使建筑更为有效合理地为人服务，使使用者在其中得到舒适的享受，从而更为有效地工作、学习和休憩。所以如果能理解人的行为因素对空间环境的影响，就能运用其规律来帮助我们进行设计。

一、人体功效学的应用

传统的空间使用理论，是以人的尺度和满足这种尺度的空间尺度关系来处理空间的，即人体功效学观点。如，人的宽度是 60cm，三股人流的楼梯宽度可设计为 180cm。但实际情况是，三股人流同时并排出现的情况并不多。由此可见，人与空间的关系并不是很简单的，人的活动是广泛的，且有很强的适应性。

例如：两个人同时在等候公共汽车，两个人会按次序排队，但相互会离开一段距离，而不是人体功效学所说的按尺寸排列，这种距离表明了人与人之间的关系和使用空间的模式。如果两人关系密切的话，两人间距离就会很近，相反则较远。但等车的人很多时，即使两人不相识仍会按照人体功效学距离去排队，以确保自己的位置。这个例子所提出的问题是人会怎样使用空间，而不是容纳这两个人需要多大的空间。

所以人对空间的反应主要不是由人的尺寸来决定，而是由人的行为因素来确定的。按照人体功效学的观点，所有人的活动都对应于一个确定的尺寸空间。然而在现实中，即使像汽车这类功能性很强的、但又需要提供空间的使用物，其提供的空间大小也已超越了纯功能性的意义，而同时含有豪华和低廉的区别。这一点在建筑中的体现更为突出。比如，我们经常使用的住宅空间，显然有很多的空间是从来不被使用的，但又必须提供，如上部空间，在酒店、大厦等公共建筑中更是比比皆是。这也就更证明了建筑空间比"活动所需要的"具有更多的含义。

二、心理学的应用

人在空间环境中工作、生活，无时无刻不与自身当时的心理状况发生关系，同样的空间状况，不同的人在不同的时候会产生不同的反应，其中尤其是私密性和年龄差异可供探讨。

（一）私密性

首先我们看个例子，人们在餐厅对座位进行选择时，首选目标总是位于角座处的座位，特别是靠窗的角落，其次是边座，一般不愿坐中央。从私密性的观点来看，这样的选择顺序是为了控制交流程度。处于角落位置空间交流方位少，使用者可按其意愿观察别人，同时又可以在最大限度上控制自己交流给他人的信息。但如果在视线高度适当分割，使得在中央的座位也具有较高的私密性则可大大提高中央座位的使用率。

私密性（privacy）的定义就是每个人对关于他的哪种信息可以以哪种方式与他人交流

的权利。它在空间行为的解释上就是某种程度的控制交流。人们出于私密性的要求，会人为地控制一个十分接近的区域来保证某种程度的个人与外界的隔绝。那么是不是获取的信息量越大越好呢？回答是否定的。让我们再看一个例子，在火车站的候车大厅里，候车的人往往会靠近柱子或墙候车，这样就可以给自己提供一个私密性水平相对较高的场所而不愿卷入人流的活动中，从而可以主动地减少获取外部空间的信息量。这种人的行为模式在进行车站设计时应充分考虑进去，这也是为什么有些无柱的候车大厅内人流分布不均匀、秩序较乱的主要原因。这种行为方式的产生，是由于高密度的空间使人产生心理负荷及信息数量和质量对人产生心理影响的结果。

人的空间行为是一种社会过程。使用空间时人与人之间不会机械地按尺寸排列，而会有一定的空间距离，并利用此距离以及视觉接触、联系和身体导向等控制着个人信息与他人之间的交流，呈现出使用空间时的一系列围绕着人的像气泡状的个人空间模式，它是空间中个人的自我边界，且边界亦会随两人关系亲近而互相融合。此模式充分说明了空间的确定，远不是按人体尺寸来排列的。只有当设计的空间形态与尺寸符合人的行为模式时，才能保证空间合理有效地利用。如公共场所座椅的设计，往往四人座椅在实际使用中只坐两人甚至一人，呈现出明确的个人空间模式。但如果将座椅进行划分，甚至仅用线条划分出四个位置，就往往可以提高它的使用效率，因为此时的划分在视觉上影响了个人空间的边界，从而提高了空间的使用率。再如在非正式的交流中，人们总是倾向于面对面的方式，而不是边靠边的方式。但在住宅、旅馆等设计中，往往出现边靠边的座位布置，这同样使空间和家具不能有效地为人服务。人在使用空间时总是以某种积极的或消极的社会接触方式来维持与他人的交流，在空间设计中应充分满足这种行为需求。

近来，"玄关"的设计受到了人们的重视，这体现了一种私密性的观点。"玄关"这个空间除了具有更衣、换鞋、出门前整理容貌等功能外，还可以创造一个室内外的过渡空间，同时起到分隔公、私领域的作用，也为室内创造了一定的私密性。

在进行空间环境设计时要重视一种在不同程度上复杂的个人与他人交流的过程，应着重考虑的是人与人在个性、社会性、文化背景和心理需求等各方面的关系。这种交流就是在对各种到来的信息间取得某种程度的平衡，个人可以排除或加强某些信息。因此，对人使用空间的行为作充分的考虑是进行空间环境设计的一个重要前提，而人们的空间行为则主要取决于各种关于感情、情绪等方面信息的有控制的交流。

（二）年龄差异

人的年龄不同，交往的行为表现也不同。刚出生的婴儿总是希望大人抱着，这样就会有很强的安全感和归属感，甚至连睡觉也不肯让大人休息。儿童总是渴望亲密的交流，这样他（她）所需要的交流空间就很小；但6—17岁的少年，则呈现出一种稳定的倾向，即随着年龄的增长，个人空间也在增大；到了青年后，则表现为一种稳定的成人行为模式，这是由不同年龄对私密性的不同要求所造成的。到了老年，又由于感觉系统变得较为迟钝，人际交流时语言减少，需要表情和体态等多方面的帮助和暗示来完成，因而个人空间又呈缩小状，而且几乎全是以面对面方式进行，很少出现直角方式，几乎不出现边靠边的方式。这有时就表现为不同年龄阶段人群之间的不和谐。

三、生物学观点

生物学观点是将人作为一种动物来解释人是怎样使用空间的，其中最经常出现的概念就是领域性（eritoriality），这一概念有较多的含义。综观生物学方面的理论观点，都想从动物观察的角度来解释人是如何使用空间的，但对行为模式的解释却有明显弱点。

领域性理论提出了一种不用语言交流的方式。只有当两个人不进行语言的交流时，才会表现出这种领域性模式。这种观点在观察老人之家时得到了证实。再者，人的活动倾向于成组活动，但活动形成的情况是复杂的，不是任意几个人进行同一活动就形成了一个组。这种理论有时会与私密性理论发生关系，因而生物学观点对空间的环境和人的行为模式的解释是不足的。

四、社会学的应用

人们在使用空间时对空间的认识和布置还将受其自身社会文化背景的影响。研究不同国家的建筑设计规范和标准，即可发现建筑空间的差异不能简单归结为解剖尺寸或生理学的原因，而是受其社会历史文化即文脉的影响。在同一文化体系内，还受到社会因素的影响。由于受这些因素的影响，使得家具、设备及其布置方式有所不同，从而导致对空间的要求不同，并在不同的文化背景下产生不同的空间行为。如东方人虽然解剖尺寸小但对空间高度的期望却比西方人要高；且不同时代，受不同社会因素的影响，人们对空间的要求亦在变化。在中国适用的人与人之间的亲切、合作、团结的交流空间，在西方则无法适用，这是因为他们更崇尚独立及个性的发展。

比如，在20世纪七八十年代建造的住宅中，厨房和餐厅是相对独立的，这除了受防油烟等功能性要求的制约外，还受当时的社会状态和大众的心理因素所影响。而如今的住宅很多都是厨房和餐厅融为一体的，这样可以给做饭的人提供一种轻松、愉快的工作环境，也可以更合理地满足做饭的行为流线。这主要是因为现代人生活品质提高后，对生活环境提出了更高要求。同时，家电设备等客观因素提供了这种可能性。可见技术的进步使人们可以自由选择生活方式和行为方式。我们无法想象古代的皇上用抽水马桶，而如今，这已是一个很平常的现象。

现在让我们将目光对准老北京的四合院：孩子们在院中嬉戏，老人们沐浴在阳光里同享闲趣；邻里间相互照应，亲如兄弟姐妹……然而现如今这一切均被高层住宅中的单元房断然隔离。人们在享受现代社会进步的同时，也梦想追回四合院的情趣。

在时代的变迁中，由于居住环境的改变，产生了人的行为模式的改变，从而，人们对建筑环境提出了新的要求，而建筑师应如何满足这种新的要求呢？让我们再回到过去，在建筑中创造一个公共的空间环境模式已是不可能的了。那我们就应该首先营造一种便于邻里交往和人与人之间交流的空间环境，做好住宅底层和周边的环境设计。高层住宅区，居民人口密集，楼宇间空地不可少，切不可将宝贵的空地停满汽车。楼宇间应有草坪、绿树，间置若干阅报栏、座椅、雕塑，这才会晨有老人健身、暮有儿童嬉戏，这样的环境不是四合院胜似四合院。这一切将为人们创造一个良好的、舒适的生活环境，同时也能切合人的行为习惯。

再比如，在对一套住宅进行装修设计时，首先应对主人的职业、爱好等文化背景进行了解，在其中找出可能会影响空间环境使用的因素，再针对这些问题提出一系列的解决方法。

因此，进行空间设计时，对文化背景、社会因素的影响，以及个人的年龄差异等都应有足够的重视，必须赋予建筑人性化的面孔，不能完全套用一种模式，否则将很难保证被有效地使用。

人是一种能够适应环境且有目的性的动物。机械地假定认识是被动的，对其所处的环境以简单直接的方式反应是不合适的。私密性这一观点适应了一种以个人的方式来进行交流的行为模式，其最终目的是能控制人与环境的关系，使人能理智地存在并在与他人的信息交流中得到平衡。这一概念可合理地解释人们使用空间的动态行为，并可以指导空间环境设计，而这正是简单的和功能性的人体功效学理论所无法解释的。因此在设计空间环境时，应以便于人们进行语言的和非语言的、有控制的交流为出发点，并综合考虑人的各种行为模式因素，以保证所设计的空间能有效地被利用。

我们今天所处的时代是一个急剧变化的时代，以至于我们往往还来不及思考变化的原因，新的变化又接踵而来。如果我们不理解这一切是如何发生的，就不可能预知今后将发生什么。社会在进步，理论在发展，我们必须努力探索。

第四节　建筑空间组合设计

一、建筑空间组合原则

尽管各类民用建筑的功能要求截然不同，组合方式千变万化，然而，其空间组合的基本原则仍然具有共同之处。

（一）功能分区合理

建筑设计立意构思和建筑的使用功能对建筑空间的组合有着决定性影响，它们不仅对单个使用空间和交通联系空间提出量（大小尺寸）、形（形状）和质（采光、通风、日照等舒适程度）等方面的制约，而且对建筑空间组合也相应提出量、形、质的制约。建筑空间组合往往先以分析使用空间之间的功能关系着手，这种方法通常称"功能分析"法。至今，功能分区的设计方法已是现代建筑设计必不可少的重要手段。

目前，功能分区已是进行单体建筑空间组合时首先必须考虑的问题。对一幢建筑来讲，其功能分区是将组成该建筑的各种空间，按不同的功能要求进行分类，并根据它们之间的密切程度加以划分，使功能既分区明确又联系方便。在分析功能关系时，可以用简图表示各类空间的关系和活动顺序。具体进行功能分区时，可从以下几方面着手分析：

1. 使用功能的分类

在针对各种不同的建筑进行设计时，首先，应对这种建筑的使用功能进行归类，使性质相近、特征类似的空间按类型聚集，以便按顺序进行空间的组合。如商场可分为营业厅、仓储、行政管理、辅助用房四大类功能；旅馆可分为客房、餐饮、娱乐、商业、行政管理、辅助用房六大类功能；博物馆则可分为陈列、藏品贮藏、行政管理、学术研究、加工、辅助用房六大类功能。分类为下一步按次序组合空间创造了条件。另外，建筑设计可按单元归类，在一些建筑物的各个组成部分相对独立，各独立部分的使用功能基本相同，相互间功能联系甚少，形成了一种特定的单元时，应将各种单元归类，便于叠加和拼接。如住宅建筑设计即先分出若干单元，再进行累加和拼连。

2. 空间的主与次

组成建筑物的各类空间，按其使用性质必然有主次之分，在进行空间组合时，这种主从关系也就应恰当地反映在位置、朝向、通风采光、交通联系以及建筑空间构图等方面。

就以食堂为例，它包括餐厅、厨房、办公管理三个组成部分，其中餐厅应居于主要部位，其次是厨房，最后才是办公管理，这三者应有明确的划分，互不干扰，但又需要有方便的联系。因此在组合时，餐厅应布置在主要位置上，成为建筑构图的中心，并争取最优的朝向，良好的通风采光和富有特色的视野。

此外，分析空间的主次关系时，并不是说次要的、辅助的部分不重要，可以随意安排。相反，只有在次要空间和辅助空间进行妥善配置的前提下，才能保证主要空间充分发挥作用。如居住建筑中，若厨房、浴厕等辅助空间设计不当，必将影响居室的合理使用。同样，如在商业建筑中，尽管营业厅的位置、形状、内部柜架布置等主要功能考虑得很周到，但若仓库的位置布置不当，亦将大大影响营业厅货源的及时补充，直接关系到销售状况。

3. 空间的"闹"与"静"

按建筑物各组成空间在"闹"与"静"方面所反映的功能特性进行分区，使其既分隔，互不干扰，又有适当的联系。如旅馆建筑中，客房应布置在比较安静隐蔽的部位，而公共活动空间，如餐厅、商店、娱乐用房等则应相对集中地安排在便于接触旅客的显著位置，并与客房有一定的隔离。在具体布局时，可从平面空间上进行划分，亦可从垂直方向进行分隔。

4. 空间联系的"内"与"外"

在民用建筑的各种使用空间中，有的对外联系的功能居于主导地位，而有的对内关系密切一些。所以，在进行功能分区时，应具体分析空间的内外关系，将对外性较强的空间尽量布置在出入口等交通枢纽的附近，对内性较强的空间则力争布置在比较隐蔽的部位，并使其靠近内部交通的区域。

另外，在考虑建筑的使用功能的主次、闹静、内外等方面进行分区时，既可在水平面（同层）进行分区，称为水平分区；也可在垂直面（异层）进行分区，称为垂直分区，以满足关系明确、互不干扰的分区特点。如商业建筑设计时，常将管理用房置于顶层，仓储、车库却布置于地下，使营业厅的有效营业面积增大，增加商业效益。

（二）流线组织明确

各类建筑由于使用性质不同，往往存在着多种流线组织。从流线的组成情况看，有人流、货流之分。从流线的集散情况看，有均匀的有比较集中的。一般建筑的流线组织方式有平面的和立体的。在小型建筑中流线较简单，常采用平面的组织方式；规模较大、功能要求较复杂的民用建筑，常需要综合平面和立体方式组织人流的活动，以利于缩短流程，又使人流互不交叉。如某铁路旅客站，其一层为交通售票、行包作业和部分候车，二层为候车、餐厅、文娱等。除基本站台外，上车均在二楼经高架厅至各站台，下车经地道至出站口，进出站旅客流线组织明确，互不干扰。

在大、中型演出的建筑中，为达到一定的规模，常设有楼座观众厅，就必然采用平面和立体的方式进行人流路线组织。

医院门诊部建筑，由于每日就诊的病人较多，就诊的时间比较集中，为减少互相感染，对各科室布置和人流组织要尽量避免往返交叉。为防止病人接触感染，门诊部中下列科室应设置单独出入口：一般门诊出入口（供内科、外科、五官科、口腔科及行政办公等使用，为门诊部的主要出入口）；儿科出入口；急诊出入口等。规模稍大的门诊部可单独设产科出入口和结核科出入口。

以上仅为出入建筑物的主要活动人流的路线组织状况。实际上，建筑物中的流线活动还常包括次要人流，甚至货物等的流线。就以中型铁路旅客站的流线组织为例，它应满足两方面要求，既使各种流线避免互相交叉、干扰，又最大限度地缩短旅客流程距离，避免流线迂回。为此，除将进站流线与出站流线分开外，还应使旅客流线与行包流线分开、职工出入口与旅客出入口分开，其中进站流线应放在首位，因站房内部流线主要是旅客的进站流线。

百货商店建筑中，应组织好顾客、货物和职工三条流线。三者应有各自独用的出入口，其中顾客出入口应布置在接近行人的位置，货运出入口应布置在背离大街却又方便进出的部位，并不与顾客流线发生交叉。但顾客、商品、售货员三者又必须在营业厅中会聚，且在销售过程中还应考虑随时补充商品的需要。因此，商店中的流线组织又有其独特之处。

（三）空间布局紧凑

在对建筑各组成空间进行合理的功能分区和流线组织的前提下，着手空间组合才能为布局紧凑提供基本保证。在进行具体组合时还应尽可能压缩辅助面积。在建筑总面积中包括使用面积（如教学楼中的教室、办公室等，住宅中的居室、厨房等）和辅助面积（如门厅、过道、楼梯及卫生间等）。合理压缩辅助面积，相对说来就增加了建筑的使用面积，使空间组合紧凑。而在辅助面积中，以交通面积占主要比重，所以，在保证使用要求的条件下，缩短交通路线，将有利于使空间布局紧凑，具体可以从以下几方面进行：

1. 加大建筑物进深

以城市型住宅为例，纵墙承重的大开间住宅平面类型逐渐减少。由于住宅建筑的经济指标控制较严格，如何发挥每一平方米建筑面积的使用效率，这一问题就更为突出。平面组合时应尽可能加大进深，有助于节约用地和使平面布局紧凑。当前在一般标准的住宅中，小方厅住宅平面形式越来越受欢迎，也就因它除作为交通联系之用，又能兼作用餐、接待等多种功能，充分发挥了面积的使用效率。点式住宅中，围绕垂直交通向四周布置住户的布局方式就能有效地压缩公共交通面积。

2. 增加层数

在不影响功能使用的前提下，适当增加建筑物层数，也有利于使空间组合紧凑。如以幼儿园为例，单层建筑对幼儿进行户外活动的确较有利，但平面布局往往过于分散，交通面积较大。适当增加层数，对幼儿活动完全是可以胜任的，这样有利于缩减交通面积，使空间布局紧凑。

3. 降低层高

降低层高不仅直接减少楼梯间的空间，减少上下楼的疲劳，而且可使空间利用更加充分，节约建设投资。

4. 利用建筑物尽端布置大空间，缩短过道长度

如在办公楼建筑中利用尽端作为会议室，在教学楼建筑中利用尽端布置合班教室等，可缩短过道长度。

（四）结构选型合理

结构理论和施工技术水平对建筑空间组合和造型起着决定性的作用。随着科学技术的进步，以及新结构、新材料的发展，建筑业发生了巨大的变革。

目前建筑中常用的结构形式不外乎三种类型：墙体承重结构、框架结构和空间结构。一般中、小型民用建筑，如住宅、旅馆、医院等多选择墙体承重结构；大型办公楼、宾馆、商场等多选择框架结构；而大跨度公共建筑，如影剧院、体育馆等多选择空间结构。当然，随着科学技术的不断发展，像钢结构、膜结构等一些新型的结构技术也会更加普及。

1. 墙体承重结构

目前国内选用墙体承重的一般民用建筑中，以配合钢筋混凝土梁板系统形成混合结构形式最为普遍。由于梁板经济跨度的制约，这种结构形式仅适用于那些空间不太大、层数不太多的中、小型民用建筑，如住宅及较低档次的中小学、办公楼、医院等以排比空间为主的建筑类型。

这种结构形式的特点是外墙和内墙同时起着支撑上部结构荷载和分隔建筑空间的双重

作用。在进行空间组合时，应注意以下几点：

①结合建筑功能和空间布局的需要确定承重墙布置方式：纵墙承重或横墙承重。并应使承重墙的布置保证墙体有足够的刚度。

②承重墙的开间、进深尺寸类型应尽量减少，以利于楼板、屋顶的合理布置，结构、构件的规格要统一。

③上下层承重墙应尽可能对齐，开设门窗洞口的大小应控制在规范规定的限度内。

④墙体的高、厚比，即自由高度与厚度之比，应在合理的允许范围之内。如半砖厚墙的高度不能超过 3m，并不能作为承重墙考虑等。

2. 框架结构

框架结构是采用钢筋混凝土柱和梁作为承重构件，而分隔室内外空间的围护结构和内部空间分隔墙均不作为承重构件，这种使承重系统与非承重系统明确分工是框架结构的主要特点。这种结构为建筑外貌配置大面积玻璃窗创造了条件。建筑的内部空间组合亦获得较大的灵活性，可以根据功能需要将柱、梁等承重结构确定的较大空间，进行二次空间组织，空间可开敞、半开敞或封闭。空间形状亦可随意分隔成折线或曲线形等不规则形状。

近年来，由于对建筑层数不断增加的迫切愿望，建筑结构设计也得到了进一步的发展。对高层建筑结构来说，抵抗水平力是很重要的，如筒状抗剪墙和框架结合的筒体结构，其基本目标是增加结构刚度，使整个建筑物形成一个一端固定在地下的空心筒状悬臂构件，以便较好地抵抗水平荷载。外墙柱子趋向于互相靠近（中距 1.2m 至 3m），窗孔较窄，密布的柱子与刚性上、下窗间墙连成一个带孔的刚性筒。这种"筒"的概念以多种形式被应用于近代钢结构和钢筋混凝土结构高层建筑中。其优越性为获得无柱的大空间，给使用者提供空间自由分隔的最大灵活性。

3. 空间结构

近年来，新建筑材料和新结构理论的发展，促使轻型高效能空间结构突飞猛进，使大跨度公共建筑的空间形式和结构选型获得多种处理手法。当前，在建筑中常见的空间结构有悬索结构、空间薄壁结构和空间网架结构等。

（1）悬索结构

悬索结构主要是充分发挥钢索耐拉的特性，以获得大跨度空间。由于悬索结构体系在荷载作用情况下承受巨大的拉力，要求能承受较大压力的构件与之相平衡。常见的悬索结构有单向、双向和混合三种类型。我国 20 世纪 60 年代初期修建的北京工人体育馆，直径 94 m 的圆形屋盖就是采用辐射悬索结构的例子。

（2）空间薄壁结构（薄壳结构）

由于钢筋混凝土具有良好的可塑性，故作为壳体结构的材料是比较理想的。当选择的形状合理时，可获得刚度大、厚度薄的高效能空间薄壁结构，它又具有骨架和屋盖双重作用的优越性，成为大跨度公共建筑广泛采用的一种结构形式。常用的形式有筒壳、折板、波形壳、双曲壳等。

（3）空间网架结构

空间网架结构多采用金属管材制造，能承受较大的纵向弯曲力，用于大跨度公共建筑，具有很大的经济意义。这种结构形式在国内的不少大跨度建筑中亦常采用，因它既可在地面操作，待拼装成整体后再上升就位，减少了空间作业，又可根据平面布置需要，组合成多种形式。此外，还有充气结构体系已在国外的大跨度公共建筑中采用。所谓充气结构，是指充气后的薄膜系统，使它能承受外力，形成骨架或与围护系统相结合的整体。这种结构体系，国内亦已开始研究，并逐步开始尝试和应用。

从以上分析可看出，结构对建筑的空间形成和造型特征起着重大的作用，优秀的建筑设计往往是和良好的结构形式融为一体的。国外大跨度结构的成功实践表明，跳出各类空间结构的基本模式，充分挖掘各类空间结构的内在潜力，才能创造多种多样、别具一格的空间形式。

形式不是简单地取决于使用功能，也不是被动地取决于结构形式，而是可以按照设计的构思创造出一种预想的形式。这就需要设计者掌握与精通材料、结构、技术和特性，以大胆革新的科学态度进行创作。

（五）设备布置恰当

在民用建筑的空间组合中，除需要考虑结构技术问题外，还必须深入考虑设备技术问题。民用建筑中的设备主要包括上、下水，采暖通风，空气调节，电器照明以及弱电系统等。在进行空间组合时，应考虑以下几方面：

充分考虑设备的要求，使建筑、结构、设备三方面相互协调。如高层旅馆建筑，常将过道的空间降低，上部作为管道水平方向联系之用。而在客房卫生间背部设竖井，作为管道垂直方向联系的空间。

恰当地安排各种设备用房位置，如采暖用的锅炉房、水泵房，空调用的冷冻机房以及垂直运输设备需要的机房等。在高层建筑中，除在底层和顶层考虑设备层外，还需要在适当层位布置设备层，一般相隔20层左右或在上下空间功能变换的层间设置。

某些人员进出频繁或人流大量集中的公共空间如商场、体育馆、影剧院等，往往需要考虑中央空调系统，由于风道断面大，极易与空间处理及结构布置产生矛盾，应给予足够的重视。

空调房间中的散热器、送风口、回风口以及消防设备如烟感器等的布置，除需要考虑使用要求外，还要与建筑细部装饰处理相配合。同时，还应采取专门的技术措施，以降低设备机房及风管等产生的噪声。对人工照明与电气亦应采取相应的技术措施，以解决防火、设备隔热等问题。

在大量的中、小型民用建筑的空间组合中，对卫生间和设置上、下水的房间，在满足功能要求的同时，应使设备位置尽可能地集中，并使上、下层布置处于同一空间位置上，以利于管道配置。

建筑中的人工照明应满足以下要求：保证一定的照度、选择适当的亮度分布和防止眩光的产生，另外采用优美的灯具能创造一定的灯光艺术效果。

（六）体形简洁，构图完整

建筑空间的布局及体形的大小、形状受到建筑功能的要求、结构、材料、施工技术条件和地形环境、气候条件等多种因素的影响。建筑体形的简洁有利于内部交通联系简捷；有利于结构布置的统一；有利于节约用地、降低造价；有利于抗震，并且在造型上也容易获得简洁朴素大方的效果。

虽然平面规整、体形单一，容易取得简洁、完整的效果，但若建筑群体中的多个单体建筑均采取这种简单体型，则将导致单调、贫乏的后果。再则多体量的建筑物，通过巧妙的处理要达到简洁、完整的效果。

二、建筑空间组合形式

建筑空间组合包括两方面：平面组合和竖向组合，它们之间相互影响，所以设计时应统一考虑。由单一空间构成的建筑非常少见，更多的还是由不同空间组合而成的建筑，建筑内部空间通过不同的组合方式来满足各种建筑类型的不同功能要求或不同建筑形式要求。

（一）毗邻空间的组合关系

两个相邻空间之间的连接关系是建筑空间组合方式的基础，可以分为四种类型。

1. 包含

一个大空间内部包含一个小空间。两者比较容易融合，但是小空间不能与外界环境直接产生联系。

2. 相邻

一条公共边界分隔两个空间。这是最常见的类型，两者之间的空间关系可以互相交流，也可以互不关联，这取决于公共边界的表达形式。

3. 重叠

两个空间之间有部分区域重叠，其中重叠部分的空间可以为两个空间共享，也可以与其中一个空间合并成为其一部分，还可以自成一体，起到衔接两个空间的作用。

4. 连接

两个空间通过第三方过渡空间产生联系。两个空间的自身特点，比如功能、形状、位置等，可以决定过渡空间的地位与形式。

一栋典型的建筑物必定是由若干个不同特点、不同功能、不同重要性的内部空间组合而成的，不同性质的内部空间的组合就需要不同的组合方式，进一步可以分为平面组合方式和竖向组合方式。

（二）建筑空间平面组合的基本方式

1. 集中式组合

集中式组合是指在一个主导性空间周围组织多个空间，其中交通空间所占比例很小的组合方式。如果主导性空间为室内空间，可称为"大厅式"；如果主导性空间为室外空间，则可称为"庭院式"。在集中式空间组合中，流线一般为主导空间服务，或将主导空间作为流线的起始点和终结点。这种空间组合常用于影剧院、交通建筑以及某些文化建筑中。

2. 流线式组合

这种组合方式中没有主要空间，各个空间都具有自身独立性，并按流线次序先后展开。按照各空间之间的交通联系特点，又可以分为走廊式、串联式和放射式。

（1）走廊式组合

走廊式组合是各使用空间独立设置，互不贯通，用走廊相连。走廊式组合特别适合于学校、医院、宿舍等建筑。走廊式组合又可分为内廊式、外廊式、连廊式三种。

（2）串联式组合

串联式组合是各个使用空间按照功能要求一个接一个地互相串联，一般需要穿过一个内部使用空间到达另一个使用空间。与走廊式组合不同的是，没有明显的交通空间。这种空间组合节约了交通面积，同时，各空间之间的联系比较紧密，有明确的方向性；缺点是各个空间独立性不够，流线不够灵活。串联式组合较常用于博物馆、展览馆等文化展示建筑。

（3）放射式组合

放射式组合是由一个处于中心位置的使用空间通过交通空间呈放射性状态发展到其他空间的组合方式。这种组合方式能最大限度地使内部空间与外部环境相接触，空间之间的流线比较清晰。它与集中式组合的向心型平面的区别就是，放射式组合属于外向型平面，处于中心位置的空间并不一定是主导空间，可能只是过渡缓冲空间。放射式组合较多用于展览馆、宾馆或对日照要求不高的地区的公寓楼等。

3. 单元式组合

单元式组合是先将若干个关系紧密的内部使用空间组合成独立单元，然后再将这些单元组合成一栋建筑的组合方式。这种组合方式中的各个单元有很强的独立性和私密性，但是单元内部空间的关系密切。单元式组合常用于幼儿园和城市公寓住宅中。其实，在一栋建筑之中并不会只单一地运用一种平面空间组合方式，必定是多种组合方式的综合运用。

（三）建筑内部空间竖向组合的基本方式

1. 单层空间组合

单层空间组合形成单层建筑，在竖向设计上，可以根据各部分空间高度要求的不同而产生许多变化。单层空间组合具有灵活简便、施工工艺相对简单等特点，但同样由于占地多、对场地要求高等原因，一般用于人流量、货流量大，对外联系密切或用地不是特别紧张的地区的建筑。

2. 多层空间组合

多个空间在竖向上的组合可以分别形成低层、多层、高层建筑。此类竖向组合方式显得比较多样，主要有叠加组合、缩放组合、穿插组合等几种。

（1）叠加组合

此类组合方式主要应做到上下对应、竖向叠加，承重墙（柱）、楼梯间、卫生间等都一一对齐。这是应用最广泛的一种组合方式，教学楼、宿舍、普通公寓楼等都是按这种方式进行。

（2）缩放组合

缩放组合设计主要是指上下空间进行错位设计，形成上大下小的倒梯形空间或下大上小的退台空间。此类空间组合在与外部环境的协调处理上较好，容易形成具有特色的建筑空间环境，在山地建筑设计中较为多见。

（3）穿插组合

穿插组合主要是指若干空间由于功能要求不同，或设计者希望达到一定的空间环境效果，在竖向组合时，其所处位置及空间高度也就有所不同，这样就形成了各空间相互穿插交错的情况。这样的竖向组合在建筑空间设计里是较为常见的，如剧院观众厅、图书馆中庭空间、大型购物商场等大体量空间。

当然，一幢完整的建筑，其内部空间在竖向组合上也是由多种组合方式来实现的，丰富优美的内部空间是设计师设计此类建筑的出发点之一。要完成这样一栋建筑，就应该熟练运用此类方法。

三、建筑空间组合设计的处理手法

空间组合的基本方式也可以说是分类，相对来说比较抽象。这一节讲述的是多个空间之间的组合所运用到的具体的处理方法或艺术表现手法，以及建筑内部的整体空间集群将会产生的最终效果。

（一）建筑多个空间之间的处理手法

1. 分隔与围透

各个空间的不同特性、不同功能、不同环境效果等的区分归根到底都需要借助分隔来实现，一般可以分为绝对分隔和相对分隔两大类。

（1）绝对分隔

顾名思义，绝对分隔就是指用墙体等实体界面分隔空间。这种分隔手法直观、简单，使得室内空间较安静，私密性好。

同时，实体界面也可以采取半分隔方式，比如砌半墙、墙上开窗洞等，这样既界定了不同的空间，又可满足某些特定需要，避免空间之间的零交流。

（2）相对分隔

采用相对分隔来界定空间，又可以称为心理暗示，这种界定方法虽然没有绝对分隔那么直接和明确，但是通过象征性同样也能达到区分两个不同空间的目的，并且比前者更具有艺术性和趣味性。相对分隔可以分为以下几种方法：

①空间的标高或层高的不同。

②空间的大小或形状的不同。

③线形物体的分隔。

通过一排间隔并不紧密的柱子来分隔两个空间，这样可使两个空间具有一定的空间连续性和视觉延续性。

④空间表面材料的色彩与质感的不同。

⑤具体实物的分隔，比如通过家具、花卉、摆设等具体实物来界定两个空间，这种界定方法具有灵活性和可变性。

更进一步来说，其实空间之间的关系都可以用围和透来概括，不论是内部空间之间，还是内部空间和外部环境之间。刚才讨论过的绝对分隔可以总结为围，相对分隔就可以称为透。"围"的空间使人感觉封闭、沉闷，但是它有良好的独立性和私密性，给人一种安全感。"透"的空间则让人心情畅快、通透，但它同样也有不足之处，比如私密性不够。所以，在建筑空间组合中，应该针对建筑类型、空间的实际功能、结构形式、位置朝向来决定是以围为主还是以透为主。

2. 对比与变化

两个相邻空间可以通过呈现出比较明显的差异变化来体现各自的特点，让人从一个空间进入另一个空间时产生强烈的感官刺激变化来获得某种效果。

（1）高低对比

若由低矮空间进入高大空间，通过对比，后者就显得更加雄伟，反之同理。

（2）虚实对比

由相对封闭的围合空间进入开敞通透的空间，则会使人有豁然开朗的感觉，进一步引申，可以表现为明暗的对比。

（3）形状对比

两个空间的形状的对比既可表现为地面轮廓的对比，也可以表现为墙面形式的对比，以此打破空间的单调感。

3. 重复与再现

重复的艺术表现手法是与对比相对的，某种相同形式的空间重复连续出现，可以体现一种韵律感、节奏感和统一感，但运用过多，容易产生单调感和审美疲劳。

重复是再现表现手法中的一种，再现还包括相同形式的空间分散于建筑的不同部位，中间以其他形式的空间相连接，起到强调那些相类似空间的作用。

4. 引导与暗示

虽然一栋复杂的建筑之中包括各种主要空间与交通空间，但是流线还需要一定的引导和暗示才能实现最初的设计走向，比如外露的楼梯、台阶、坡道等很容易暗示竖向空间的存在，引导出竖向的流线，利用顶棚、地面的特殊处理引导人流前进的方向，狭长的交通空间能吸引人流前行，空间之间适时增开门窗洞口能暗示空间的存在等。

5. 衔接与过渡

有时候两个相邻空间如果直接相接，会显得生硬和突兀，或者使两者之间模糊不清，

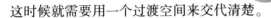

这时候就需要用一个过渡空间来交代清楚。

过渡空间本身不具备实际的功能使用要求，所以过渡空间的设置要自然低调，不能太抢镜，也可以结合某些辅助功能如门廊、楼梯等，在不知不觉中起到衔接作用。

6. 延伸与借景

在分隔两个空间时，可以有意识地保持一定的连通关系，这样，空间之间就能渗透产生互相借景的效果，增加空间层次感。具体方法有以下几种：

①增开门窗洞口，如中国古典园林。

②运用玻璃隔断，如现代小住宅设计。

③绿化水体等元素在两个空间中的连续运用。

（二）建筑内部的空间集群——序列

前面对几种空间之间的处理手法进行了说明和分析，但它们基本都是仅仅解决了相邻空间组合的问题，具有自身的独立性和片面性。如果没有一个综合整体的空间序列组织，就不会体现出建筑整体的空间感觉和特点。所以说，要想使建筑内部的空间集群体现出有秩序、有重点、统一完整的特性，就需要在一个空间序列组织中把围透、对比、重复、引导、过渡、延伸等各种单一的处理手法综合运用起来。

空间序列组织主要考虑的就是人流的路线，不同使用功能的建筑的内部空间集群的人流路线是不同的。比如展览馆的人流路线就是参观者的参观路线，这个流线就要求展厅之间的排序要流畅和清晰，各个展厅空间需要得到强调，其他过渡空间则一带而过。又比如剧院的人流路线就是观众的进出场路线，由于一个剧院中的各个演出厅之间的关系不大，只需要相应的人流就能便捷地到达相应演出厅，这时的空间序列组织只需要重点考虑入口大厅到达某一演出厅的流线，演出厅之间的流线可以不用强调。

四、建筑空间组合设计的方法步骤

建筑空间组合是一项综合性工作，不仅要考虑全局，也应照顾到局部和细节，需要设计者耐心地加以推敲分析，才能达到令人满意的效果。

（一）基地功能分区

要满足建筑功能布局的合理性，不仅要从建筑自身的特性出发，还要做到与周边环境协调一致，与基地的功能分区相对应。

1. 划分功能区块

依照不同的功能要求，可将基地的建筑和场地划分成若干功能区块。

2. 明确各功能区

块之间的相互联系用不同线宽、线形的线条，加上箭头，表示各功能区块之间联系的紧密程度和主要联系方向。

3. 选择基地出入口位置与数量

根据功能分区、防火疏散要求、周围道路情况以及城市规划的其他要求，选择出入口位置与数量。这种选择与建筑出入口的安排是紧密相关的。

4. 确定各功能区块在基地上的位置

根据各功能区块自身的使用要求，结合基地条件（形状、地形、地物等）和出入口位置，可以先大体确定各功能区块的位置。

（二）基地总体布局

基地总体布局的任务是确定基地范围内建筑、道路、绿化、硬地及建筑小品的位置，它对单体建筑的空间组合具有重要的制约作用。通常应考虑以下几方面因素以及"场地设计与总图布置"的内容：

1. 各功能区块面积的估算

各功能区块都应根据设计任务书的要求和自身的使用要求采取套面积定额或在地形图上试排的方法，估算出占地面积的大小并确定其位置与形状，一般先安排好占地面积大、对场地条件要求严格（如日照、消防、卫生等）的功能区块。

2. 安排基地内的道路系统

道路系统包括车行系统（含消防车）和人行系统两大部分。道路系统的布置既要处理与基地周边道路的关系，又要满足基地内车流、人流的组织及道路自身的技术要求。

3. 明确基地总体布局对单体建筑空间组合的基本要求

建筑空间组合设计应当充分考虑基地的大小、形状，建筑的层数、高度、朝向以及建筑出入口的大体位置等，找出有利因素和不利因素，寻求最佳的组合方案。最后，在进行单体建筑空间组合的过程中，也需要再次对基地的总体布局做适当修改。

（三）建筑的功能分析

1. 建筑功能分析的内容

建筑功能分析包括各使用空间的功能要求以及各使用空间的功能关系。

使用空间的功能要求包括朝向、采光、通风、防震、隔声、私密性及联系等。

各使用空间的功能关系包括使用顺序、主次关系、内外关系、分隔与联系的关系、闹与静的关系等。

2. 建筑功能分析的方法

现代建筑设计理论发展到今天，对于建筑功能分析的手段和方法已比较多样化，有矩阵图分析法、框图分析法等。本节就重点介绍框图分析法这一最为常用的方法。

框图分析法是将建筑的各使用空间用方框或圆圈表示（面积不必按比例，但应显示其重要性和大小），再用不同的线形、线宽加上箭头表示出联系的性质、频繁程度和方向。此外，还可在框图内加上图例和色彩，表示出闹静、内外、分隔等要求。

对于使用空间很多、功能复杂的建筑，建筑的功能分析应由粗到细逐步进行。首先，可将一幢建筑的所有使用空间划分为几个大的功能组团（也称功能分区）。每个功能组团由若干个有密切联系、为同一功能服务的使用空间组成，并具有相对的独立性。按照上述方法，对这些功能组团进行功能分析，并布置在一定的建筑区域内，便形成了建筑的功能分区。其次，再在各功能组团中进行功能分析，确定对每个使用空间的布置。这种功能分析，是一个从无序到有序，不断深化、不断调整的过程。对于更复杂的建筑，往往还要进行多级的功能分析。

3. 建筑功能分析的综合研究

建筑的功能往往很复杂，相互之间存在很多矛盾。建筑空间组合应根据不同的建筑类型和所处的具体条件，抓住主要矛盾进行综合研究，以确定每个使用空间的相对位置。

①侧重于单元内的功能研究，城市住宅大多为单元式组合，各单元之间功能联系少，组合也相对容易，所以功能分析应侧重单元内各使用空间的安排。

②侧重于流线的研究，交通建筑、生产性建筑对流线要求较高，使用空间应按顺序排列，人流、货流、车流要分清，避免交叉，做到短捷通畅，所以功能分析应侧重流线安排。

③侧重于组、类的研究，如医院一类建筑，可以将所有使用空间较明显地划分为几组或几类，而组、类之间也存在一定的功能联系。

④侧重于主要部分、主要使用空间的研究，如影剧院、商场之类的建筑，主要部分、主要使用空间很明显，空间组合时也以此为中心。

⑤侧重于重复空间组合的研究，如集体宿舍一类的建筑，主要使用空间基本相同，相互之间没有主从、顺序关系，受辅助使用空间的制约也很小。

思考题

1. 建筑空间的概念是什么？

2. 建筑空间的分类有哪些？

3. 简述建筑空间类型。

4. 简述建筑空间与行为。

5. 建筑空间组合原则是什么？

第三章 绿色和人性化建筑设计

导 读

　　城市规划是城市建设的总纲，建筑设计是落实城市规划的重要步骤。因此绿色建筑设计必须在城市规划的指导下，充分考虑城市、环境等诸多因素。

学习目标

1. 理解绿色建筑设计理论知识。

2. 掌握绿色建筑设计的材料选择。

3. 学习绿色建筑设计的人性化设计。

4. 了解未来建筑趋势——绿色建筑。

第一节　绿色建筑设计理论

一、绿色建筑设计的依据与原则

(一) 绿色建筑设计的依据

1. 环境因素

　　绿色建筑的设计建造是为了在建筑的全生命周期内，适应周围的环境因素，最大限度地节约资源，保护环境，减少对环境的负面影响。绿色建筑要做到与环境的相互协调与共生，因此在进行设计前必须对自然条件有充分的了解。

　　(1) 气候条件

　　地域气候条件对建筑物的设计有最为直接的影响。例如：在干冷地区建筑物的体形应设计得紧凑一些，减少外围护面散热的同时利于室内采暖保温；而在湿热地区的建筑物设计则要求重点考虑隔热、通风和遮阳等问题。在进行绿色建筑设计时应首先明确项目所在地的基本气候情况，以利于在设计开始阶段就引入"绿色"的概念。

日照和主导风向是确定房屋朝向和间距的主导因素，对建筑物布局将产生较大影响。合理的建筑布局将成为降低建筑物使用过程中能耗的重要前提条件。如在一栋建筑物的功能、规模和用地确定之后，建筑物的朝向和外观形体将在很大程度上影响建筑能耗。在一般情况下，建筑形体系数较小的建筑物，单位建筑面积对应的外表面积就相应减小，有利于保温隔热，降低空调系统的负荷。住宅建筑内部负荷较小且基本保持稳定，外部负荷起到主导作用，外形设计应采用小的形体系数。对于内部发热量较大的公共建筑，夏季夜间散热尤为重要，因此，在特定条件下，适度增大形体系数更有利于节能。

（2）地形、地质条件和地震烈度

对绿色建筑设计产生重大影响的还包括基地的地形、地质条件以及所在地区的设计地震烈度。基地地形的平整程度、地质情况、土特性和地耐力的大小，对建筑物的结构选择、平面布局和建筑形体都有直接的影响。结合地形条件设计，保证建筑抗震安全的基础上，最大限度地减少对自然地形地貌的破坏，是绿色建筑倡导的设计方式。

（3）其他影响因素

其他影响因素主要指城市规划条件、业主和使用者要求等因素，如航空及通信限高、文物古迹遗址、场所的非物质文化遗产等。

2. 建筑智能化系统

绿色建筑设计中不同于传统建筑的一大特征就是建筑的智能化设计，依靠现代智能化系统，能够较好地实现建筑节能与环境控制。绿色建筑的智能化系统是以建筑物为平台，兼备建筑设备、办公自动化及通信网络系统，是集结构、系统服务、管理等于一身的最优化组合，向人们提供安全、高效、舒适、便利的建筑环境。而建筑设备自动化系统（BAS）将建筑物、建筑群内的电力、照明、空调、给排水、防灾、保安、车库管理等设备或系统构成综合系统，以便集中监视、控制和管理。

建筑智能化系统在绿色建筑的设计、施工及运营管理阶段均可起到较强的监控作用，便于在建筑物的全寿命周期内实现控制和管理，使其符合绿色建筑评价标准。

（二）绿色建筑设计的原则

绿色建筑是综合运用当代建筑学、生态学及其他技术科学的成果，把建筑看成一个小的生态系统，为使用者提供生机盎然、自然气息浓厚、方便舒适并节省能源、没有污染的建筑环境。绿色建筑是指能充分利用环境自然资源，并以不破坏环境基本生态为目的而建造的人工场所，所以，生态专家们一般又称其为环境共生建筑。绿色建筑不仅有利于小环

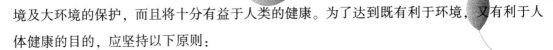

境及大环境的保护，而且将十分有益于人类的健康。为了达到既有利于环境，又有利于人体健康的目的，应坚持以下原则：

1. 坚持建筑可持续发展的原则

规范绿色建筑的设计，大力发展绿色建筑的根本目的，是为了贯彻执行节约资源和保护环境的国家技术经济政策，推进建筑业的可持续发展，造福于千秋万代。建筑活动是人类对自然资源、环境影响最大的活动之一。我国正处于经济快速发展阶段，资源消耗总量逐年迅速增长。因此，必须牢固树立和认真落实科学发展观，坚持可持续发展理念，大力发展绿色建筑。

发展绿色建筑应贯彻执行节约资源和保护环境的国家技术经济政策。实事求是地讲，我国在推行绿色建筑的客观条件方面，与发达国家存在很大的差距，坚持发展中国特色的绿色建筑是当务之急，从规划设计阶段入手，追求本土、低耗、精细化，是中国绿色建筑发展的方向。制定《绿色建筑设计规范》的目的是规范和指导绿色建筑的设计，推进我国的建筑业可持续发展。

2. 坚持全方位绿色建筑设计的原则

绿色建筑设计不仅适用于新建工程绿色建筑的设计，同时也适用于改建和扩建工程绿色建筑的设计。城市的发展是一个不断更新和变化的动态过程，在这种新陈代谢的过程中，如何对待现存的旧建筑成为亟待解决的问题。其中包括列入国家历史遗址保护名单的旧建筑，还包括大量存在的虽然仍处于设计寿命期，但功能、设施、外观已不能满足当前需要，根据法规条例得不到保护的一般性旧建筑。随着城市的发展日趋成熟与饱和，如何在已有的限制条件下为旧建筑注入新的生命力，完成旧建筑的重生成为近几年来关注的热点问题。

城市化要进行大规模建设是一个永恒的课题。对城市旧建筑进行必要的改造，是城市发展的具体方式之一。世界城市发展的历史表明，任何国家城市建设大体都经历三个发展阶段，即大规模和新建阶段、新建与维修改造并重阶段，以及主要对旧建筑更新改造再利用阶段。工程实践充分证明，旧建筑的改建和扩建不仅有利于充分发掘旧建筑的价值、节约资源，而且还可以减少对环境的污染。在我国旧建筑的改造具有很大的市场，绿色建筑的理念应当应用到旧建筑的改造中去。

3. 坚持全寿命周期的绿色建筑设计原则

对于绿色建筑必须考虑到在其全寿命周期内，节能、节地、节水、节材、保护环境、满足建筑功能之间的辩证关系，体现经济效益、社会效益和环境效益的统一。建筑从最初的规划设计到随后的施工、运营、更新改造及最终的拆除，形成一个时间较长的寿命周期。关注建筑的整个寿命周期，意味着不仅在规划设计阶段充分考虑并利用环境因素，而且确保施工过程中对环境的影响最低，运营阶段能为人们提供健康、舒适、低耗、无害的活动空间，拆除后又对环境危害降到最低。绿色建筑要求在建筑的整个寿命周期内，最大限度地节能、节地、节水、节材与保护环境，同时满足建筑功能。

工程实践证明，以上这些方面有时是彼此矛盾的，如为片面追求小区景观而过多地用水，为达到节能单项指标而过多地消耗材料，这些都是不符合绿色建筑理念的；而降低建筑的功能要求、降低适用性，虽然消耗资源少，也不是绿色建筑所提倡的。节能、节地、节水、节材、保护环境及建筑功能之间的矛盾，必须放在建筑全寿命周期内统筹考虑与正确处理，同时还应重视信息技术、智能技术和绿色建筑的新技术、新产品、新材料与新工艺的应用。绿色建筑最终应能体现出经济效益、社会效益和环境效益的统一。

（三）必须符合国家其他相关标准的规定

绿色建筑的设计除了必须符合《绿色建筑设计规范》外，还应当符合国家现行有关标准的规定。由于在建筑工程设计中各组成部分和不同的功能，国家均已经颁布了很多具体规范和标准，在《绿色建筑设计规范》中也不可能包括对建筑的全部要求，因此，符合国家的法律法规与其他相关标准是进行绿色建筑设计的必要条件。

在《绿色建筑设计规范》中未全部涵盖通常建筑物所应有的功能和性能要求，而是着重提出与绿色建筑性能相关的内容，主要包括节能、节地、节水、节材与保护环境等方面。因此建筑方面的有些基本要求，如结构安全、防火安全等要求，并未列入《绿色建筑设计规范》中。所以设计时除应符合本规范要求外，还应符合国家现行的有关标准的规定。

二、绿色建筑设计的内容与要求

（一）绿色建筑设计的内容

绿色建筑的设计内容远多于传统建筑的设计内容。绿色建筑的设计是一种全面、全过程、全方位、联系、变化、发展、动态和多元绿色化的设计过程，就总体目标而言，按照轻重缓急和时空上的次序先后，不断地发现问题、提出问题、分析问题、分解具体问题、找出与具体问题密切相关的影响要素及其相互关系，针对具体问题制定具体的设计目标，围绕总体的和具体的设计目标进行综合的整体构思、创意与设计。根据目前我国绿色建筑发展的实际情况，一般来说，绿色建筑设计的内容主要概括为综合设计、整体设计和创新设计三方面。

1. 绿色建筑的综合设计

所谓绿色建筑的综合设计是指技术经济绿色一体化综合设计，就是以绿色设计理念为中心，在满足国家现行法律法规和相关标准的前提下，在进行技术上的先进可行和经济上的实用合理的综合分析的基础之上，结合国家现行有关绿色建筑标准，按照绿色建筑的各方面的要求，对建筑所进行的包括空间形态与生态环境、功能与性能、构造与材料、设施与设备、施工与建设、运行与维护等方面内容在内的一体化综合设计。

在进行绿色建筑的综合设计时，要注意考虑以下方面：进行绿色建筑设计要考虑到建筑环境的气候条件；进行绿色建筑设计要考虑到应用环保节能材料和高新施工技术；绿色建筑是追求自然、建筑和人三者之间和谐统一；以可持续发展为目标，发展绿色建筑。

绿色建筑是随着人类赖以生存的自然界，不断濒临失衡的危险现状所寻求的理智战略，它告诫人们必须重建人与自然有机和谐的统一体，实现社会经济与自然生态高水平的协调发展，建立人与自然共生共息、生态与经济共繁荣的持续发展的文明关系。

2. 绿色建筑的整体设计

所谓绿色建筑的整体设计是指全面全程动态人性化的整体设计，就是在进行建筑综合设计的同时，以人性化设计理念为核心，把建筑当作一个全寿命周期的有机整体来看待，把人与建筑置于整个生态环境之中，对建筑进行的包括节地与室外环境、节能与能源利用、节水与水资源利用、节材与绿色材料资源利用、室内环境质量和运营管理等方面内容在内的人性化整体设计。

整体设计对绿色建筑至关重要，必须考虑当地的气候、经济、文化等多种因素，从以下六个技术策略入手：①要有合理的选址与规划，尽量保护原有的生态系统，减少对周边环境的影响，并且充分考虑自然通风、日照、交通等因素；②要实现资源的高效循环利用，尽量使用再生资源；③尽可能采取太阳能、风能、地热、生物能等自然能源；④尽量减少废水、废气、固体废物的排放，采用生态技术实现废物的无害化和资源化处理，以回收利用；⑤控制室内空气中各种化学污染物质的含量，保证室内通风、日照条件良好；⑥绿色建筑的建筑功能要具备灵活性、适应性和易于维护等特点。

3. 绿色建筑的创新设计

所谓绿色建筑的创新设计是指具体进行个性化创新设计，就是在进行综合设计和整体设计的同时，以创新型设计理论为指导，把每一个建筑项目都作为独一无二的生命有机体来对待，因地制宜、因时制宜、实事求是和灵活多样地对具体建筑进行具体分析，并进行个性化创新设计。创新是以新思维、新发明和新描述为特征的一种概念化过程，创新是设计的灵魂，没有创新就谈不上真正的设计，创新是建筑及其设计充满生机与活力永不枯竭的动力和源泉。

（二）绿色建筑设计的要求

我国是一个人均资源短缺的国家，每年的新房建设中有80%为高耗能建筑，因此，目前我国的建筑能耗已成为国民经济的巨大负担。如何实现资源的可持续利用成为急需解决的问题。随着社会的发展，人类面临着人口剧增、资源过度消耗、气候变暖、环境污染和生态破坏等问题的威胁。在严峻的形势面前，对快速发展的城市建设而言，按照绿色建筑设计的基本要求，实施绿色建筑设计，显得非常重要。

1. 绿色建筑设计的功能要求

构成建筑物的基本要素是建筑功能、建筑的物质技术条件和建筑的艺术形象。其中建筑功能是三个要素中最重要的一个，它是人们建造房屋的具体目的和使用要求的综合体现，是如居住、饮食、娱乐、会议等各种活动对建筑的基本要求，这是决定建筑形式、建筑各房间的大小、相互间联系方式等的基本因素。绿色建筑设计实践证明，满足建筑物的使用功能要求，为人们的生产生活提供安全舒适的环境，是绿色建筑设计的首要任务。例如在设计绿色住宅建筑时，首先要考虑满足居住的基本需要，保证房间的日照和通风，合理安排卧室、起居室、客厅、厨房和卫生间等的布局，同时还要考虑到住宅周边的交通、绿化、活动场地、环境卫生等方面的要求。

2. 绿色建筑设计的技术要求

现代建筑业的发展，离不开节能、环保、安全、耐久、外观新颖等方面的设计因素。绿色建筑作为一种崭新的设计思维和模式，应当根据绿色建筑设计的技术要求，提供给使用者有益健康的建筑环境，并最大限度地保护环境，减少建造和使用中各种资源消耗。

绿色建筑设计的基本技术要求，包括正确选用建筑材料，根据建筑物平面布局和空间组合的特点，采用当今先进的技术措施，选取合理的结构和施工方案，使建筑物建造方便、坚固耐用。例如，在设计建造大跨度公共建筑时采用的钢网架结构，在取得较好外观效果的同时，也可获得大型公共建筑所需的建筑空间尺度。

3. 绿色建筑设计的经济要求

建筑物从规划设计到使用拆除，均是一个物质生产的过程，需要投入大量的人力、物力和资金。在进行建筑规划、设计和施工过程中，应尽量做到因地制宜、因时制宜，尽量选用本地的建筑材料和资源，做到节省劳动力、建筑材料和建设资金。设计和施工需要制订详细的计划和核算造价，追求经济效益。建筑物建造所要求的功能、措施要符合国家现行标准，使其具有良好的经济效益。

建筑设计的经济合理性是建筑设计中应遵循的一项基本原则，也是在建筑设计中要同时达到的目标之一。由于可用资源的有限性，要求建设投资的合理分配和高效性。这就要求建筑设计工作者要根据社会生产力的发展水平、国家的经济发展状况、人民生活的现状和建筑功能的要求等因素，确定建筑的合理投入和建造所要达到的建设标准，力求在建筑设计中做到以最小的资金投入，去获得最大的使用效益。

4. 绿色建筑设计的美观要求

建筑是人类创造的最值得自豪的文明成果之一，在一切与人类物质生活有直接关系的产品中，建筑是最早进入艺术行列的一种。人类自从开始按照生活的使用要求建造房屋以来，就对建筑产生了审美的观念。每一种建筑的风格的形式，都是人类为表达某种特定的生存理念及满足精神慰藉和审美诉求而创造出来的。建筑审美是人类社会最早出现的艺术门类之一，建筑中的美学问题也是人们最早讨论的美学课题之一。

建筑被称为"凝固的音符"，充满创意灵感的建筑设计作品，是一座城市的文化象征，是人类物质文明和精神文明的双重体现，在满足建筑基本使用功能的同时，还需要考虑满足人们的审美需求。绿色建筑设计则要求建筑师要设计出兼具美观和实用的产品，设计出的建筑物除了要满足基本的功能需求之外，还要具有一定的审美性。

三、绿色建筑设计的程序

绿色建筑设计的发展是实现科学发展观，提高质量和效率的必然结果。并为中国的建筑行业及人类可持续发展做出重要贡献。随着建筑技术与经济的不断发展，绿色建筑设计对未来建筑发展将起到主导作用。发展绿色建筑设计逐渐为人们认识和理解。绿色建筑设计贯穿了传统工程项目设计的各个阶段，从前期可研性报告、方案设计、初步设计一直到施工图设计及施工协调和总结等各个阶段，均应结合实际项目要求，最大化地实现绿色建筑设计。

根据我国住房和城乡建设部颁布的《中国基本建设程序的若干规定》和《建筑工程项目的设计原则》中的有关内容，结合《绿色建筑设计规范》中的相关要求，绿色建筑设计程序基本上可归纳为以下七大阶段性的工作内容：

(一) 项目委托和设计前期的研究

绿色建筑工程项目的委托和设计前期的研究，是工程设计程序中的最初阶段。通常情况下，业主将绿色建筑设计项目委托给设计单位后，由建筑师组织协助业主进行工程项目的现场调查研究工作。其主要的工作内容是根据业主的要求条件和意图，制定出建筑设计任务书。设计任务书是确定工程项目和建设方案的基本文件，是设计工作的指令性文件，也是编制设计文件的主要依据。

绿色建筑工程项目的设计任务书，主要包括以下几方面内容：建筑基本功能的要求和绿色建筑设计的要求；建筑规模、使用和运行管理的要求；基地周边的自然环境条件；基地的现状条件、给排水、电力、煤气等市政条件和交通条件；绿色建筑能源综合利用的条件；建筑防火和抗震等专业要求的条件；区域性的社会人文、地理、气候等条件；绿色建筑工程的建设周期和投资估算；经济利益和施工技术水平等要求的条件；工程项目所在地材料资源的条件。

根据绿色建筑设计任务书的要求，首先设计单位对绿色建筑设计项目进行正式立项，然后建筑师和设计师同业主对绿色建筑设计任务书中的要求，详细地进行各方面的调查和分析，按照建筑设计法规的相关规定，以及我国关于绿色建筑的相关要求，对拟建项目进行针对性的可行性研究，在归纳总结出研究报告后方可进入下一阶段的设计工作。

（二）项目方案设计

根据业主的要求和绿色建筑设计任务书，建筑师要构思出多个设计方案草图提供给业主，针对每个设计方案的优缺点、可行性和绿色建筑性能与业主反复商讨，最终确定出一个既能满足业主要求、又符合建筑法规相关规定的设计方案，并通过建筑CAD制图、绘制建筑效果图和建筑模型等表现手段，提供给业主设计成果图。业主再把方案设计图和资料呈报给当地的城市规划管理局等有关部门进行审批确认。

项目方案设计是设计中的重要阶段，它是一个极富有创造性的设计阶段，同时也是一个十分复杂的问题，涉及设计者的知识水平、经验、灵感和想象力等。方案设计图主要包括以下几方面的内容：建筑设计方案说明书和建筑技术经济指标；方案设计的总平面图；建筑各层平面图及主要立面图、剖面图；方案设计的建筑效果图和建筑模型；各专业的设计说明书和专业设备技术标准；拟建工程项目的估算书。

（三）工程初步设计

工程初步设计是指根据批准的项目可行性研究报告和设计基础资料，设计部门对建设项目进行深入研究，对项目建设内容进行具体设计。方案设计图经过有关部门的审查通过后，建筑师应根据审批的意见建议和业主提出的新要求，参考《绿色建筑评价标准》中的相关内容，对方案设计的内容进行相关的修改和调整，同时着手组织各技术专业的设计配合工作。

在项目设计组安排就绪后，建筑师同各专业的设计人员对设计技术方面的内容进行反复探讨和研究，并在相互提供各专业的技术设计要求和条件后，进行初步设计的制图工作。初步设计图属于设计阶段的图纸，对细节要求不是很高，但是要表达清楚工程项目的范围、内容等，主要包括以下几方面的内容：初步设计建筑说明书；初步设计建筑总平面图；建筑各层平面图、立面图和剖面图；特殊部位的构造节点大样图；与建筑有关的各专业的平面布置图、技术系统图和设计说明书；拟建工程项目的概算书。

对于大型和复杂的绿色建筑工程项目，在初步设计完成后，进入下阶段的设计工作之前，需要进行技术设计工作，即需要增加技术设计阶段。对于大部分的建筑工程项目，初步设计还需要再次呈报当地的建设主管部门及有关部门进行审批确认。在我国标准的建筑设计程序中，阶段性的审查报批是不可缺少的重要环节，如审批未通过或在设计图中仍存在着技术问题，设计单位将无法进入下一阶段的设计工作。

（四）施工图设计

根据绿色建筑初步设计的审查意见建议和业主新的要求条件，设计单位的设计人员对初步设计的内容应进行必要的修改和调整，在设计原则和设计技术等方面，如果各专业之间不存在太大的问题，可以着手准备详细的实施设计工作，即施工图设计。

施工图设计是工程设计的一个重要阶段。这一阶段主要通过图纸，把设计者的意图和全部设计结果表达出来，作为工程施工的依据，它是工程设计和施工的桥梁。施工图设计主要包括建筑设计施工图、结构设计施工图、给排水和暖通设计施工图、强弱电设计施工图、绿色建筑工程预算书。

（五）施工现场的服务和配合

在工程施工的准备过程中，建筑师和各专业设计师首先要向施工单位进行技术交底，对施工设计图、施工要求和构造做法进行详细说明。然后根据工程的施工特点、技术水平和重点难点，施工单位可对设计人员提出合理化建议和意见，设计单位根据实际可对施工图的设计内容进行局部调整和修改，通常采用现场变更单的方式来解决图纸中设计不完善的问题。另外，建筑师和各专业设计师按照施工进度，应不定期地到现场对施工单位进行指导和查验，从而达到为绿色建筑工程施工现场服务和给予配合的效果。

（六）竣工验收和工程回访

建设工程项目的竣工验收，是全面考核建设工作，检查是否符合设计要求和工程质量的重要环节，对促进建设项目及时投产，发挥投资作用，总结建设经验有重要作用。建设工程项目竣工验收后，虽然通过了交工前的各种检验，但由于影响建筑产品质量稳定性的因素很多，仍然可能存在着一些质量问题或者隐患，而这些问题只有在产品的使用过程中才能逐渐暴露出来。因此，进行工程回访工作是十分必要的。

（七）绿色建筑评价标识的申请

按照《绿色建筑评价标准》进行设计和施工的项目，在项目完成后可申请"绿色建筑评价标识"，绿色建筑评价标识是住房和城乡建设部主导并管理的绿色建筑评审工作。住房和城乡建设部授权机构依据《绿色建筑评价标准》和《绿色建筑评价技术细则（试行）》，按照《绿色建筑评价标识管理办法（试行）》，确定是否符合国家规定的绿色建筑各项标准。

绿色建筑标识评价有着严格的标准和严谨的评价流程。评审合格的项目将获颁发绿色建筑证书和标志。绿色建筑评价标识分为"绿色建筑设计评价标识"和"绿色建筑评价标识"，分别用于处于规划设计阶段和运行使用阶段的住宅建筑和公共建筑，"绿色建筑设计评价标识"有效期为 2 年，"绿色建筑评价标识"有效期为 3 年。

实施绿色建筑评价标识能推动我国《绿色建筑评价标准》的实施。该评价标识工作经过官方认可，具有唯一性。绿色建筑评价标识的开展填补了我国绿色建筑评价工作的空白，使我国告别了以国外标准来评价国内建筑的历史，在我国绿色建筑发展史上揭开了崭新的一页。

绿色建筑评价标识的评价工作程序主要包括以下几方面：

第一，"绿建办"在住房和城乡建设部网站上发布绿色建筑评价标识申报通知，申报单位可根据通知要求进行申报。

第二，"绿建办"或地方绿色建筑评价标识管理机构负责对申报材料进行形式审查，审查合格后进行专业评价及专家评审，评价和评审完成后由住房和城乡建设部对评审结果进行审定和公示，并公布获得星级的项目。

第三，住房和城乡建设部向获得三星级"绿色建筑评价标识"的建筑和单位颁发绿色建筑评价标识证书和标志（挂牌）；向获得三星级"绿色建筑设计评价标识"的建筑和单位颁发绿色建筑评价标识证书和标志（挂牌）。

第四，受委托的地方住房和城乡建设管理部门，向获得一星级和二星级"绿色建筑评价标识"的建筑和单位颁发绿色建筑评价标识证书和标志（挂牌）；向获得一星级和二星级"绿色建筑设计评价标识"的建筑和单位颁发绿色建筑评价标识证书和标志（挂牌）。

第五，"绿建办"和地方绿色建筑评价标识管理机构，每年不定期、分批开展评价标识活动。

第二节　绿色建筑设计的材料选择

建筑是由建筑材料构成的。因此，在建筑设计中，建筑材料的选择也是很重要的一个内容。绿色建筑所使用的往往是绿色建筑材料。绿色建筑材料环保、节能、舒适、多功能，因而近年来越来越受到人们的关注，它也势必朝着一个更好的方向发展。

一、绿色建筑材料的内涵

（一）绿色建筑材料的含义

绿色建筑材料就是指健康型、环保型、安全型的建筑材料，在国际上也称为"健康建材""环保建材"或"生态建材"。从广义上讲，它不是一种独特的建材产品，而是对建材"健康、环保、安全"等属性的一种要求，它是对原材料生产、加工、施工、使用及废弃物处理等环节，贯彻环保意识及实施环保技术，达到环保要求。

（二）绿色建筑材料的特征

传统建筑材料的制造、使用以及最终的循环利用过程都产生了污染，破坏了人居环境和浪费了大量能源。与传统建材相比，绿色建筑材料具有以下一些鲜明的特点：

①绿色建筑材料是以相对低的资源和能源消耗、环境污染作为代价，生产出高性能的建筑材料。

②绿色建筑材料的生产尽可能少用天然资源，大量使用尾矿、废渣、垃圾等废弃物。

③绿色建筑材料采用低能耗和无污染的生产技术、生产设备。

④在产品生产过程中，不使用甲醛、卤化物溶剂或芳香族碳氢化合物；产品中不含汞、铅、铬和镉等重金属及其化合物。

⑤绿色建筑材料以改善生产环境、提高生活质量为宗旨，产品具有多功能化，如抗菌、灭菌、防毒、除臭、隔热、阻燃、防火等。

⑥产品可循环或回收及再利用，不产生污染环境的废弃物。

⑦绿色建筑材料能够大幅度地减少建筑能耗。

从上述可见，绿色建筑材料既满足了人们对健康、安全、舒适、美观的居住环境的需要，又没有损害子孙后代对环境和资源的更大需求，做到了经济社会的发展与生态环境效益的统一，当前利益与长远利益的结合。

（三）绿色建筑材料的类型

根据绿色建筑材料的基本概念与特征，国际上将绿色建筑材料分为以下几类：

1. 基本型建筑材料

一般能满足使用性能要求和对人体健康没有危害的建筑材料就被称为基本型建筑材料。这种建筑材料在生产及配置过程中，不会超标使用对人体有害的化学物质，产品中也不含有过量的有害物质，如甲醛、氮气和挥发性有机物等。

2. 节能型建筑材料

节能型建筑材料是指在生产过程中对传统能源和资源消耗明显较小的建筑材料，如聚苯乙烯泡沫塑料板、膨胀珍珠岩防火板、海泡石、镀膜低辐射玻璃、聚乙烯管道等。如果能够节省能源和资源，那么人类使用有限的能源和资源的时间就会延长，这对于人类及生态环境来说都是非常有贡献意义的，也非常符合可持续发展战略的要求。节能型建筑材料同时降低能源和资源消耗，也就降低了危害生态环境的污染物产生量，这又能减少治理的工作量。生产这种建筑材料通常会采用免烧或者低温合成，以及提高热效率、降低热损失和充分利用原料等新工艺、新技术和新型设备。

3. 环保型建筑材料

环保型建筑材料是指在建材行业中利用新工艺、新技术，对其他工业生产的废弃物或者经过无害化处理的人类生活垃圾加以利用而生产出的建筑材料。例如，使用电厂粉煤灰等工业废弃物生产墙体材料，使用工业废渣或者生活垃圾生产水泥等。环保型乳胶漆、环保型油漆等化学合成材料，甲醛释放量较低、达到国家标准的大芯板、胶合板、纤维板等也都是环保型的建筑材料。近年来，一种新的环保型、生态型的道路材料——透水地坪也越来越多地被应用。

4. 安全舒适型建筑材料

安全舒适型建筑材料是指具有轻质、高强、防水、防火、隔热、隔声、保温、调温、调光、无毒、无害等性能的建筑材料。这类建筑材料与传统建筑材料有很大的不同，它不再只重视建筑结构和装饰性能，还会充分考虑安全舒适性。所以，这类建筑材料非常适用于室内装饰装修。

5. 特殊环境型建筑材料

特殊环境型建筑材料是指能够适应特殊环境（海洋、江河、地下、沙漠、沼泽等）需要的建筑材料。这类建筑材料通常都具有超高的强度、抗腐蚀、耐久性能好等特点。我国开采海底石油、建设长江三峡大坝等宏伟工程都需要这类建筑材料。如果能改善建筑材料的功能，延长建筑材料的寿命，那么自然也就改善了生态环境，节省了资源。一般来说，使用寿命增加一倍，等于生产同类产品的资源和能源节省了一倍，对环境的污染也减少了一倍。显然，特殊环境型建筑材料也是一种绿色建筑材料。

6. 保健功能型建筑材料

保健功能型建筑材料是指具有保护和促进人类健康功能的建筑材料。这里的保健功能主要指消毒、防臭、灭菌、防霉、抗静电、防辐射、吸附二氧化碳等对人体有害的气体等的功能。传统建筑材料可能不危害人体健康就可以了，但这种建筑材料不仅不危害人体健康，还会促进人体健康。因此，它作为一种绿色建筑材料越来越受到人们的喜爱，常常被运用于室内装饰装修中。防静电地板就是这种类型的绿色建筑材料。它在接地或连接到任何较低电位点时，使电荷能够耗散，因而能防静电。这种地板主要用在计算机房、数据处理中心、实验室等房间中。

（四）发展绿色建筑材料的现实意义

1. 改善人类生存的大环境

现代社会，人们越来越关注人类生存的大环境，寻求良好的生态环境，保护好大自然，期望自己和后代能够很好地生活在共同的地球上。绿色建筑材料的发展，将非常有助于改善大环境，防止大环境的破坏。

2. 保障居住小环境

我国传统的居住建筑是用木料、泥土、石块、石灰、黄沙、稻草、高粱秆等自然材料和黏土加工物砖、瓦组成的，它们与大自然能较好地协调，而且对人体健康是无害的。现代建筑采用大量的现代建筑材料，其中有许多是对人体健康有害的。因此有必要发展对人体健康无害或符合卫生标准的绿色建筑材料，来保障人们的居住小环境。

3. 改善公共场所、公共设施对公众的健康安全影响

车站、码头、机场、学校、幼儿园、商店、办公楼、会议厅、饭店、娱乐场所等公共场所是大量人群聚集、流动的场所，这些建筑物中如果有损害公众健康安全的建筑材料，将会对人体造成损害。

发展绿色建筑材料，能够大大保障人们的健康安全。

二、绿色建筑对建筑材料的要求

绿色建筑的内涵大多需通过建筑材料来体现。长期以来，建筑材料主要依据对其力学功能要求进行开发，结构材料主要要求高强度、高耐久性等；而装饰材料则要求装饰功能和造型美学性。21 世纪的建筑材料要求在建筑材料的设计、制造工艺等方面，从人类健康生存的长远利益出发，为实施绿色建筑的长远规划、开发和使用服务，要满足人类社会的可持续发展。所以，绿色建筑对建筑材料有一些基本的要求，主要表现在以下几方面：

（一）资源消耗方面的要求

在资源消耗方面，绿色建筑对建筑材料具有以下几方面的要求：
①尽可能地少用不可再回收利用的建筑材料。
②尽可能地不使用或少使用不可再生资源生产的建筑材料。
③尽量选用耐久性好的建筑材料，以便延长建筑物的使用寿命。
④尽量选用可再生利用、可降解的建筑材料。
⑤多使用各种废弃物生产的建筑材料，降低建筑材料生产过程中天然和矿产资源的消耗。

（二）能源消耗方面的要求

在能源消耗方面，绿色建筑对建筑材料具有以下几方面的要求：
①尽可能地使用可以减少建筑能耗的建筑材料。
②尽可能使用生产过程中能耗低的建筑材料。
③使用能充分利用绿色能源的建筑材料，降低建筑材料在生产过程中的能源消耗，保护生态环境。

（三）室内环境质量方面的要求

在室内环境质量方面，绿色建筑对建筑材料具有以下几方面的要求：
①选用的建筑材料能提供优质的空气质量、热舒适、照明、声学和美学特征的室内环境，使居住环境健康舒适。
②尽可能选用有益于室内环境的建筑材料，同时尽可能改善现有的市政基础设施。
③选用的建筑材料应具有很高的利用率，减少废料的产生。

（四）环境影响方面的要求

在环境影响方面，绿色建筑对建筑材料具有以下几方面的要求：

①选用的建筑材料在生产过程中具有较低的二氧化碳排放量，对环境的影响比较小。

②建筑材料在生产和使用中对大气污染的程度低。

③对于生态环境产生的负荷低，降低建筑材料对自然环境的污染，保护生态环境。

（五）回收利用方面的要求

建筑是能源及材料消耗的重要组成部分，随着环境的日益恶化和资源日益减少，保持建筑材料的可持续发展，提高能耗、资源的综合利用率，已成为当今社会关注的课题。在人为拆除旧建筑或由于自然灾害造成建筑物损坏的过程中，会产生大量的废砖和混凝土废块、木材及金属废料等建筑废弃物，例如汶川大地震据估算将产生超过 5×10^8 t 的建筑垃圾。如果能将其大部分作为建筑材料使用，成为一种可循环的建筑资源，不仅能够保护环境，降低对环境的影响，而且还可以节省大量的建设资金和资源。目前，从再利用的工艺角度，旧建筑材料的再利用主要包括直接再利用与再生利用两种方式。其中，直接再利用是指在保持材料原型的基础上，通过简单的处理，即可将废旧材料直接用于建筑再利用的方式。

（六）建筑材料本地化方面的要求

建筑材料本地化是减少运输过程的资源、能源消耗，降低环境污染的一种重要手段。在本地化方面，绿色建筑对建筑材料的要求主要是：鼓励使用当地生产的建筑材料，提高就地取材制成的建筑产品所占的比例。当然，国家标准《绿色建筑评价标准》（GB/T 50378—2006）中对建筑材料本地化也有专门的规定，应当符合其规定。

三、绿色建筑材料的选择与运用

发展绿色建筑已成为我国实现社会和经济可持续发展的重要一环，受到建筑工程界的极大关注，并开展了大量的研究和实践。发展绿色建筑涉及规划、设计、材料、施工等方方面面的工作，对建筑材料的选用是其中很重要的一方面。选择与运用绿色建筑材料时，应当充分注意以下几方面：

（一）不损害人的身体健康

首先，要严格控制建筑材料的有害物含量比国家标准的限定值低。建筑材料的有害物释放是造成室内空气污染而损害人体健康的最主要原因。高分子有机合成材料释放的挥发性有机化合物（包括苯、甲苯、游离甲醛等），人造木板释放的游离甲醛，天然石材、陶瓷制品、工业废渣制成品和一些无机建筑材料的放射性污染，混凝土防冻剂中的氨，都是有害物，会严重危害人体健康。所以，要控制含有这类有害物的建筑材料进入市场。此外，对涉及供水系统的管材和管件有卫生指标的要求。选择绿色建筑材料时，一定要认真查验由法定检验机构出具的检验报告的真实性和有效期，批量较大时或有疑问时，应对进场材料送法定检验机构进行复检。

其次，要科学控制会释放有害气体的建筑材料。尽管室内采用的所有材料的有害物质含量都符合标准的要求，但如果用量过多，也会使室内空气品质不能达标。因为标准中所列的材料有害物质含量是指单位面积、单位重量或单位容积的材料试样的有害物质释放量或含量。这些材料释放到空气中的有害物质必然随着材料用量的增加而增多，不同品种材料的有害物质释放量也会累加。当材料用量多于某个数值时就会使室内空气中的有害物质含量超过国家标准的限值。由此可见，控制建筑材料有害气体的排放是绿色建筑材料选择的一个必要原则。

最后，为了不损害人体健康，还应选用有净化功能的建筑材料。当前一些单位研制了对空气有净化功能的建筑涂料，已上市的产品主要有利用纳米光催化材料（如纳米 TiO_2）制造的抗菌除臭涂料；负离子释放涂料；具有活性吸附功能、可分解有机物的涂料。将这些材料涂刷在空气被挥发性有害气体严重污染的空间内，可清除被污染的气体，起到净化空气的作用。不过，这种材料的价格较高，不能取代很多品种涂料的功能而且需要处置的时间。因此决不能因为有这种补救手段，就不去严格控制材料的有害物质含量。

（二）符合国家的资源利用政策

在选择绿色建筑材料时，应注意国家的资源利用政策。

首先，要选用可循环利用的建筑材料。就当前来看，除了部分钢构件和木构件外，这类建筑材料还很少，但已有产品上市，如连锁式小型空心砌块，砌筑时不用或少用砂浆，主要是靠相互连锁形成墙体；当房屋空间改变需要拆除隔墙时，不用砂浆砌筑的大量砌块完全可以重复使用。又如，外墙自锁式干挂装饰砌块，通过搭叠和自锁安装，完全不用砂浆，当需要改变外装修立面时，能很容易被完整地拆卸下来，重复使用。

其次，禁用或限用实心黏土砖，少用其他黏土制品。我国人均耕地少，为保证国家粮食安全的耕地后备资源严重不足。而我国实心黏土砖的年产量却非常之高，用土数量大，占用了相当一部分的耕地。所以，实心黏土砖的使用是造成耕地面积减少的一个重要原因。在当前实心黏土砖的价格低廉和对砌筑技术要求不高的优势仍有极大吸引力的情况下，用材单位一定要认真执行国家和地方政府的规定，不使用实心黏土砖。空心黏土制品也要占用土地资源，因此在土地资源不足的地方也应尽量少用，而且一定要用高档次高质量的空心黏土制品，以促进生产企业提高土地资源的利用效率。

再次，应尽量选择利废型建筑材料。这是实现废弃物"资源化"的最主要的途径，也是减少对不可再生资源需求的最有效的措施。利废型建筑材料主要指利用工农业、城市和自然废弃物生产的建筑材料，包括利用页岩、煤矸石、粉煤灰、矿渣、赤泥、河库淤泥、秸秆等废弃物生产的各种墙体材料、市政材料、水泥、陶粒等，或在混凝土中直接掺用粉煤灰、矿渣等。绝大多数利废型建筑材料已有国家标准或行业标准，可以放心使用。但这些墙体材料与黏土砖的施工性能不一样，不可按老习惯操作。使用单位必须做好操作人员的技术培训工作，掌握这些产品的施工技术要点，才能做出合格的工程。

最后，要拆除旧建筑物的废弃物，再生利用施工中产生的建筑垃圾。这是使废弃物"减量化"和"再利用"的一项技术措施。关于这一点，我国还处于起步阶段。以下是我国在这方面已经做出的一些成果：将结构施工的垃圾经分拣粉碎后与砂子混合作为细骨料配制砂浆。将回收的废砖块和废混凝土经分拣破碎后作为再生骨料用于生产非承重的墙体材料和小型市政或庭园材料。将经过优选的废混凝土块分拣、破碎、筛分和配合混匀形成多种规格的再生骨料后可配制 C30 以下的混凝土。用废热塑性塑料和木屑为原料生产塑木制品。

需要注意，对于此类材料的再生利用一定要有技术指导，要经过试验和检验，保证制成品的质量。

（三）符合国家的节能政策

在选择绿色建筑材料时，应注意国家的节能政策。

首先，要选用对降低建筑物运行能耗和改善室内热环境有明显效果的建筑材料。我国建筑的能源消耗占全国能源消耗总量的 27%，因此降低建筑的能源消耗已是当务之急。为达到建筑能耗降低 50% 的目标，必须使用高效的保温隔热的房屋围护材料，包括外墙体材料，屋面材料和外门窗。使用这类围护材料会增加一定的成本，但据专家计算，只需要通过 5~7 年就可以由节省的能源耗费收回。在选用节能型围护材料时，一定要与结构体系相配套，并重点关注其热工性能和耐久性能，以保证有长期的优良的保温隔热效果。

其次，要选用生产能耗低的建筑材料。这有利于节约能源和减少生产建筑材料时排放的废气对大气的污染。例如，烧结类的墙体材料比非烧结类的墙体材料的生产能耗高，如果能满足设计和施工要求就应尽可能地选用非烧结类的墙体材料。

（四）符合国家的节水政策

我国水资源短缺，仅为世界人均值的1/4，有大量城市严重缺水，因此"节水"是我国社会主义建设中的重要任务。我国也不断地在提倡建设节约型社会。房屋建筑的节水是其中的一项重要措施，而搞好与房屋建筑用水相关的建筑材料的选用是极重要的一环。在选择时，一定要注意符合国家的节水政策。

首先，要选用品质好的水系统产品，包括管材、管件、阀门及相关设备，保证管道不发生渗漏和破裂。

其次，要选用易清洁或有自洁功能的用水器具，以减少器具表面的结污现象和节约清洁用水量。

再次，要选用节水型的用水器具，如节水龙头、节水坐便器等。

最后，在小区内尽量使用渗水路面砖来修建硬路面，以充分将雨水留在区内土壤中，减少绿化用水。

（五）选用耐久性好的建筑材料

耐久性是材料抵抗自身和自然环境双重因素长期破坏作用的能力。它是一种复杂的、综合的性质，包括抗冻性、抗渗性、抗风化性、耐化学腐蚀性、耐老化性、耐热性、耐光性、耐磨性等。材料的耐久性越好，使用寿命越长。建筑材料的耐久性能是否优良往往关乎着工程质量，同时也关乎着建筑的使用寿命。使用耐久性优良的建筑材料，不仅能够节约建筑物的材料用量，还能够保证建筑物的使用功能维持较长的时间。建筑物的使用期限延长了，房屋全生命周期内的维修次数就减少了，维修次数减少又能减少社会对材料的需求量，减少废旧拆除物的数量，从而也就能够减轻对环境的污染。由此可见，选择绿色建筑材料时一定要注意其耐久性。

（六）选用高品质的建筑材料

建筑材料的品质越高，其节能性、环保性、耐久性等也往往越高。因此，选择绿色建筑材料时，必须达到国家或行业产品标准的要求，有条件的要尽量选用高品质的建筑材料，如选用高性能钢材、高性能混凝土、高品质的墙体材料和防水材料等。

（七）选用配套技术齐全的建筑材料

建筑材料是要用在建筑物上的，要使建筑物的性能或观感达到设计要求。很多建筑材料的性能是很好，但用到建筑物上却不能获得满意的效果。这主要是因为没有成熟的配套技术。配套技术主要包括与主材料配套的各种辅料与配件、施工技术（包括清洁施工）和维护维修技术。鉴于此，在选用绿色建筑材料时，不能只考虑材料的材性，还应考虑使用这种材料是否有成熟的配套技术，以保证建筑材料在建筑物上使用后，能充分发挥其各项优异性能，使建筑物的相关性能达到预期的设计要求。

（八）材料本地化

材料本地化就是指优先选用建筑工程所在地的材料。这种做法不能仅仅是为了省运输费，更重要的是可以节省长距离运输材料而消耗的能源。所以，坚持材料本地化的原则实际上是有力地支持了节能和环保事业。

（九）价格合理

一般情况下，建筑材料的价格与建筑材料的品质是成正比的，价格高的材料品质也相对要高。有些业主非常喜欢使劲压低建筑材料的价格，然而价格过低容易使很多厂家不敢生产过多高品质建筑材料，于是市场就出现了很多低质量产品，实际上最终受损失的还是业主或用户。有些材料的品质在短期内是不会反映的，如低质的塑料管材的使用年限少，在维修时的更换率就高，最后所花费的钱并不少，低质量水管的卫生指标还可能不达标。再如，塑料窗的密封条应采用橡胶制品。如果价格压得过低，就可能采用塑料制品，窗户的密封性能可能在较短的时间内就变差，窗户的五金件质量差可能在两三年后就会损坏，这将严重影响正常使用和节能效果。

第三节　人性化设计

一、绿色建筑的人性化设计

绿色建筑设计在绿色环保、资源节约的基础上，也体现了人性化设计的思想。绿色建筑的人性化设计包括建筑环境的宜人性、建筑空间的灵活性。从环境心理和环境认知方面来讲，绿色建筑人性化设计还包括传统性特色与现代技术相统一、建筑理论与环境科学相融合等。美国设计教育家普罗斯说："人们总以为设计有三维：美学、技术和经济，然而更重要的是第四维：人性。"建筑的人性化设计，是以人为主导和中心，满足人的生理和心理需要、物质和精神需要，营造舒适的建筑空间，使人们享受建筑空间的使用趣味和快感，即是让使用者在使用过程中感到方便、舒适，感到被关怀。

绿色建筑的人性化设计，首先体现在建筑环境的宜人性上。所谓建筑环境不仅包括建筑周围的自然环境，还包括建筑本身的色彩、空间、光线、温度、湿度等。不同的空间形象会直接或间接地影响人们的行为方式，而当建筑获得相应的领域特性，人们被建筑环境的气氛感染，心境或平静，或欢愉，或激扬，或哀伤，这样的空间具有一定的精神属性，不再是生硬的钢筋混凝土墙板的组合。

绿色建筑人性化设计还体现在建筑空间的灵活性上。所谓空间的灵活性，一方面是指建筑空间的丰富宜人，给人心情愉悦的感受；另一方面是指建筑空间可以根据使用者的需求实现灵活的空间变换，而不是通过重建来实现空间变换。建筑空间与人相互影响，良好的功能组织和流线设计满足人们活动的需要，同时丰富的空间形象使人们的心理体验不断丰富，从而促进活动的顺利开展。营造丰富的建筑空间可以体现在不同色彩的运用，空间高低、错位，直线和曲线的应用等方面，这些都可以根据不同的使用属性对空间语言进行提炼，同时只有丰富的空间语言才能引起使用者的共鸣。

此外，绿色建筑的人性化还包括情感因素，主要是指建筑环境与建筑的融合和传统特色与现代技术的统一等。

二、绿色建筑人性化设计的内容

绿色建筑有三个基本内涵，节约环保、健康舒适和自然和谐：三个基本内涵中包含了一个非常重要的内容，那就是健康舒适。我们经常说"以人为本"，所谓以人为本就是充分考虑到人的使用习惯，在节约环保和自然和谐的基础上把人作为绿色建筑设计的出发点，最终实现"人、建筑、自然"的和谐统一。从这个意义上来说，建筑的人性化设计既包括了建筑本身，即建筑室内空间的人性化，又包括承载建筑的自然，即建筑外部环境的人性化，最终这二者都作用于它们的使用者——人。

（一）室内空间人性化

绿色建筑有八大要素，涉及人的使用的要素主要有两个：健康舒适和安全可靠。前者是绿色建筑设计的目的，后者是建筑使用的基本前提。所谓安全可靠不仅包括建筑本身牢固耐久，抗震性能和防火性能优越，而且包括建筑的使用安全，即各种建筑设备都能安全运行，建筑材料不会产生对人有害的气体等。健康舒适就是要为人们提供一个健康、适用和高效的活动空间，这是随着社会进步而对建筑提出的一个新的使用要求，建筑不仅是人们遮风避雨的场所，更是人们进行各种生活活动的场所。良好的通风、充足的日照、适宜的温度和湿度、安静的环境、灵活的空间是健康舒适的必要条件，只有通过人性化设计，统筹空气、风、水、声、光、温度、湿度、地域、生态、定位、间距、形状、结构、围护和朝向等要素，从而满足人们生理、心理、健康和卫生等方面需求。

（二）外部环境人性化

如果把室内环境比喻为人的内环境，各种要素的合理设计保证机体有条不紊健康地发展，为机体提供动力。那么绿色建筑的外部环境就相当于人所处的生活环境，如果说人们的生活环境可以影响人的内部生命活动，那么对于建筑来说，外部环境同样是影响人物活动的重要因素。因此，外部环境的人性化设计是绿色建筑设计的重要方面。外部环境人性化设计包括道路的线性、植物的配置、环境的设计等，好的外部环境可以降低热岛效应从而改善小气候，也可以阻隔噪声和吸收污染，为使用者提供新鲜的空气和安静的环境，通过环境设计可以为使用者提供美的享受和愉悦的心情。

三、绿色建筑人性化设计的方法

在以往的建筑设计中，设计师们往往总是把"以人为本"放在嘴边，但真正是以人为本的建筑却是凤毛麟角，"以人为本"成了一句空洞的口号，甚至成为某些建筑师设计的幌子，这是因为要真正做到人性化是很不容易的，很多设计者并没有正确理解人性化的内涵，认为人性化设计仅仅是合适的空间感和美的感受，那么在这里我们要说的是，人是复杂的动物，人对环境的感知不仅是从眼睛来获取，室内温度、湿度、光线和空气的变化都能给人带来不同的感受。绿色建筑的人性化设计就是通过对空间以及建筑环境的全面理解，走出传统的"以人为本"的片面的认识，实现真正的人性化。

（一）环境设备智能化

我们大家都知道这样一个事实，人类是一种感觉迟钝的动物，在自然界中人的感觉器官是最不灵敏的。比如说狗对气味敏感，猫对微小的震动和声响敏感，蝙蝠对超声波敏感，蚯蚓对湿度敏感，变色龙对颜色敏感，等等。举这些例子不是说人对这些环境变化不敏感，而是说人对微小的环境变化反应迟钝，大家可能会说达尔文的"优胜劣汰"的理论证明这是自然选择的结果，这些环境的变化不会影响到人的生存。是的，这些不会影响到人的生存，但是影响到人的健康，现在物质文明和精神文明高度发达，人对生活的需求再也不是像动物一样追求生存，而是健康和舒适。人不能感觉到细微的环境变化，但是人们用智慧创造出来的监测仪可以检测得到。现在我们常用的检测设备有烟雾检测设备、光控设备和声控设备，还有温控设备的空调系统，现在还出现了湿度控制的自动加湿器，还可以通过空气监测启动空气过滤系统，噪声监控自动关闭隔声窗，以后还会出现辐射监控等来检测更不易被人察觉的隐形杀手。

（二） 空间设计多样化

《绿色建筑评价标准》对于居住建筑室内空间绿色化明确指出：居住空间开窗能有良好的视野，且避免居住空间之间的视线干扰。这个只是对建筑空间设计绿色人性化的一个要求，是人性化设计的一方面。环境心理学研究表明，人们对空间环境会产生一些共性的心理，但是由于人的性格的不同也有一些个性的表现。例如一些人就是喜欢一些开敞明亮的环境，有些人却喜欢封闭幽暗的环境。那么对于这样一种情况，绿色建筑应该如何满足空间多样性的需要呢？通过现阶段建筑设计的研究至少有以下两种方式：一是针对公共建筑而言，建筑内部空间一旦形成，基本不会有大的变动，这就可以在设计之初就创造多样丰富的空间，从而满足不同人群的空间环境心理；二是针对居住建筑而言，传统的做法是做出多种户型供业主选择，这是选择成品住房，而现在可以通过技术手段，减少室内的受力柱和承重墙，给予空间重组的灵活性，业主可以根据自己的喜好设置隔墙分割空间，创造适合自己的空间。

（三） 创造微环境

微环境的创造从空间上可分为室外微环境和室内微环境两方面，从环境感知方面又可分为景观环境和气候环境，把两方面的内容融合，分为室外景观环境的塑造、室外小气候的营造、室内景观环境的塑造、室内小气候营造四方面，微环境的创造是绿色建筑实现绿色化的重要手段，微环境的创造是一门非常高深的前沿学科。

1. 室外景观环境的塑造

无论是中方还是西方在中世纪的时候就学会了塑造室外环境，特别是中国的传统园林设计，更是结合了山水思想，把大山大水微缩到一个小园子里面。"一勺则江湖万顷"非常形象地反映了中国古代的理水思想。古人们认为山水之地乃圣贤之地，从风水上讲有山有水能藏风聚气，是灵韵之地，有利于万物生长，且山水之间给人一种心旷神怡的感受，人们的思想在此放松，感情在此宣泄。当然用现代科学去解释这一现象就很简单，一方面山水之境使人心情舒适，去世俗之尘得以平静。另一方面，山水必然给植物的生长带来好处，植物丰茂使得这里温度、湿度合适、空气新鲜，自然能让人心情平和舒适。古代造园对我们绿色建筑设计的室外环境设计的启示就是，室外环境的塑造不但要给人美的感受，更要给人一种脱离尘世的安静与祥和，这样才能从身体和心理上给人舒适的感受。

2. 室外小气候的营造

我们在上面提到的传统"叠山理水"的造园实际上就是室外小气候营造的一种方式，在这里我们就不再重复。现代有很多学科专门研究建筑室外空间的小气候，麦克哈格的《设计结合自然》里面就有很多这方面的介绍，我们在植物配置的时候要充分考虑到温度、气流和光线才能创造出适合人们活动的室外空间。当然室外小气候的营造不仅是通过植物来营造，还需要配合微小的地形起伏来完成，比如在南方我们可以尽量抬高建筑基地来获得更大的迎风面，在北方就可以在北面堆出小山丘减小北风吹袭。

3. 室内景观环境的塑造

室内景观环境设计是人性化设计的重要内容，因为人有很大部分时间都是在室内度过的，所以室内环境显得尤其重要。室内环境景观设计也可以通过植物配置和微景观设计来给人舒适的感受。

4. 室内小气候的营造

室内小气候主要是针对大空间的建筑，大空间的建筑涉及局部通风和采光的问题，能够创造出更多的细微的小气候，例如在有的休息空间边上设置一个水池，周围盆栽一些植物，那么这里的空气温度和湿度相对比其他地方可能更加舒适，空气更加新鲜富有水分，这仅是室内小气候创造的一种方法。

第四节 未来建筑趋势——绿色建筑

工业革命后，人类的生产、生活方式发生了很大的变化，这引起了包括能源危机在内的各种资源的短缺，因此，绿色建筑应运而生。绿色建筑不同于一般性的建筑，一般建筑的高能耗、低效率，不仅可以导致能源的紧张，而且是制造大气污染的元凶。而绿色建筑则是一种能积极的和环境相互作用，智能的可调节的系统。绿色建筑对全社会来说是观念问题，对建筑师来说既是观念问题又是技术问题。发展绿色建筑已成为今后建筑发展的必然趋势。

21世纪人类共同的主题是可持续发展。对于城市建筑而言，由传统高消耗型模式转向高效绿色型模式已成为一种必然的趋势，"绿色建筑"正是顺应了这一转变。

所谓"绿色建筑"的"绿色"，并不是指一般意义的立体绿化、屋顶花园，而是代表一种概念或象征，指建筑对环境无害，能充分利用环境自然资源，并且在不破坏环境基本生态平衡条件下建造的一种建筑，又可称为可持续发展建筑、生态建筑、回归大自然建筑、节能环保建筑等。绿色建筑的室内布局十分合理，尽量减少使用合成材料，充分利用阳光，节省能源，为居住者创造一种接近自然的感觉。

绿色建筑是指在建筑的全寿命周期内，最大限度地节约资源（节能，节地，节水，节材），保护环境和减少污染，为人们提供健康，适用和高效的使用空间，与自然和谐共生的建筑。

以人、建筑和自然环境的协调发展为目标，在利用天然条件和人工手段创造良好、健康的居住环境的同时，尽可能地控制和减少对自然环境的使用和破坏，充分体现向大自然的索取和回报之间的平衡。

资源节约是指资源节约型的建筑，即在建筑的全生命周期内，体现节能、节地、节水、节材。

环境友好是指环境友好型的建筑，不仅要求建筑实体对环境的最少干扰，而且要求建筑生产过程如建材生产、建筑施工也要注重保护环境。

生态是指一种生态建筑，它将建筑融入大的生态循环圈，从整体的角度考虑能源和资源流动，寻求人、建筑与自然的和谐与平衡。

以人为本是指以人为本的建筑，为人们提供安全、健康、舒适的建筑环境空间，并体现人文的关怀，包括对最广大人民群众以及少数弱势群体的深切关怀。

一、内外连通的结构方式

一般建筑在结构上趋向于封闭，在设计上力求与自然环境完全隔离，室内环境往往是不利于健康的；而绿色建筑的内部与外部采取有效连通的方式，会对气候变化自动进行自适应调节，就像鸟儿一样，它可以根据季节的变化更换羽毛。同时也使室内环境品质大大提高。这种由居住人健康而带来的另一种意义上的节能更具有深刻的人文意义。建筑第一次有了自己的神经系统，变化羽毛等于随气候变化而变换节能围护装置和性能。日本日立公司在最近的北京科博会展出了集节能、环保、保安于一身的楼宇智能系统，仅5万元的投资就可通过一般的手机遥控将能耗降低30%。

二、推行本地材料，尊重地方历史文化传统

一般建筑随着建筑设计、生产和用材的标准化、大批量化，促使了大江南北建筑形式的一律化、单调化，造成了"千城一面"；而绿色建筑推行本地材料，尊重地方历史文化

传统，有助于汲取先人与大自然和谐共处的智慧，造就凝固的音乐、石头的史诗，使得建筑随着气候、资源和地区文化的差异而重新呈现不同的风貌。如黄土高原的窑洞是先人创造出的人与自然和谐相处、利用自然能源居住生活的建筑杰作，窑洞背靠黄土高坡，依山而凿形成宽敞空间，向南开窗，最大限度地吸收阳光，造就了冬暖夏凉的自然环境。现在，当地建筑师们对部分窑洞重新进行了改造，更多地吸收阳光，改善了通风条件，充分发挥了窑洞本身的节能作用，可以称之为富有地方特色的绿色建筑。

三、全面资源节约

一般建筑是一种商品，建筑的形式往往不顾环境资源的限制，片面追求或盲目迎合市场即期消费的住宅和办公楼，这往往是与资源节约和环境友好背道而驰的；而绿色建筑则被看作一种全面资源节约型的建筑，最大限度地减少不可再生的能源、土地、水和材料的消耗，产生最小的直接环境负荷。建筑及其城市发展都将以最小的生态和资源为代价，在广泛的领域获得最大利益。

四、建筑形式与自然和谐

一般建筑追求"新、奇、特"，追求自我标志效应，难免造成欧陆风或××风盛行；而绿色建筑的建筑形式是从与大自然和谐相处中获得灵感。随着绿色建筑的发展，建筑学中有了新的美学哲学：美存在于以最小的资源获得最大限度的丰富性和多样性。这使得生态美的展示充满生命力和创造性。人类对建筑美的感知将建立在生态影响的基础上，重返2000多年前古罗马杰出建筑师维特鲁威提出的"坚固、实用、美观"的六字真经上，而不是建立在精美艺术细节、夸张的形式主义上。

五、减少消耗，自产可再生资源

一般建筑尽管采取节能设计，但综合能耗仍居高不下。随着生活水平的提高，在现代社会中，建筑业往往或正在成为最大的耗能和污染行业；而绿色建筑因广泛利用可再生能源而极大地减少了能耗，甚至自身产生和利用可再生能源，有可能达到"零能耗"和"零排放"的建筑。我们如果要在发电效率方面提高5%，汽车节能方面提高10%，在技术上是极为困难的，而建筑节能轻易可达50%~60%，或者更高。建筑节能有着巨大的空间。

六、长期与自然和谐

一般的建筑仅在建造过程或者是使用过程中对环境负责，是狭义的人地和谐。而绿色建筑是在建筑的全寿命周期内，为人类提供健康、适用和高效的使用空间，最终实现与自然共生。绿色建筑不仅讲究建材的绿色环保和本地化，以减少长途运输所引起的能耗和污染，而且它还在建筑整个生命周期包括建材生产到建筑物的设计、施工、使用、管理及拆除回用等全过程使用最少能源及制造最少的废弃，以循环经济的思路，实现从被动地减少对自然的干扰转到主动创造环境丰富性，减少对资源需求上来；从狭义的"以人为本"转移到对子孙后代和全人类的以人为本。这是真正的绿色建筑革命和科学发展观的含义。

建筑作为人工环境，是满足人类物质和精神生活需要的重要组成部分。然而，人类对感官享受的过度追求，以及不加节制的开发与建设，使现代建筑不仅疏离了人与自然的天然联系和交流，也给环境和资源带来了沉重的负担。严峻的事实告诉我们，我国要走可持续发展道路，发展节能与绿色建筑刻不容缓。

绿色建筑通过科学的整体设计，集成绿色配置、自然通风、自然采光、低能耗围护结构、新能源利用、中水回用、绿色建材和智能控制等高新技术，具有选址规划合理、资源利用高效循环、节能措施综合有效、建筑环境健康舒适、废物排放减量无害、建筑功能灵活适宜等六大特点。它不仅可以满足人们的生理和心理需求，而且能源和资源的消耗最为经济合理，对环境的影响最小。

思考题

1. 简述绿色建筑设计的依据与原则。
2. 绿色建筑材料的内涵是什么？
3. 发展绿色建筑材料的现实意义是什么？
4. 绿色建筑人性化设计的内容是什么？

第四章　风景园林设计原理和方法

导　读

也许有些风景园林专业的学生认为把设计做好只要投入相当的时间和精力即可。其实不然，对于设计而言，掌握好设计的方法是至关重要的，这样在真正面对一个设计题目时，在收集了相关信息资料后，遵循一定的设计方法才能把设计工作推向深入。当然风景园林设计本身就是一门综合性很强的学科，要想设计好园林，还必须对园林有深入透彻的了解。

学习目标

1. 认识风景园林设计的理论知识。
2. 学习风景园林方案设计方法。
3. 掌握风景园林表现技法。

第一节　认识风景园林设计

一、风景园林设计的原则和特点

风景园林是一项复杂性的工程，对风景园林的设计和规划需要考虑多方面因素，如风景园林的景观呈现效果、功能作用发挥等，打造符合现代人审美需求，能够满足居民休闲娱乐要求的风景园林。在风景园林设计的时候，要遵循科学性、美观性、生态性、个性化、多样化、整体化、创新性等原则，将"因地制宜""以人为本""绿色环保""可持续"等理念贯穿其中，打造风景优美、与人文环境和谐的风景园林，促使风景园林的多种功能更好体现。既要遵循一般性原则，也要进行创意设计，规避同质化严重情况，增强风景园林的景观效果和吸引力；确保绿地面积、绿化植被的设计适合，打造森林公园、生态湿地公园，并科学合理地利用植物造景；实施统筹设计，确保布局合理、主次分明、整体美观，具备极高的观赏效果和较强的艺术气息，也需要在其中合理地融入一些时代特征、城市元素、当地文化特色，提升风景园林的价值和整体效果，打造生态园林、文化园林、主题景观、特色景观。此外，在风景园林设计的时候，还需要考虑经济性、技术性，不能一味追求新颖和独特，不能一味采用一些名贵的植物，需要综合考虑和分析风景园林的功能需求、实用性、经济性、技术性以及周围的环境条件等多方面的影响因素，科学设计和规划，在很好呈现设计效果的同时，降低风景园林工程的建设成本。

二、风景园林景观设计问题

（一）使用不合理的材料

部分风景园林景观设计人员缺乏全面考虑意识，选择的景观材料不合理。如不考虑园林植物寿命、观赏周期与生长速度，会导致远期效果未达预期，需要频繁更换与重复建设。

（二）忽视了生态技术

目前较为先进且有效的生态环保技术有雨水回收利用技术、生态节能技术、太阳能收集技术等，但在风景园林景观设计中应用较少，因为此类技术不仅施工成本相对较高，且不具备直接的经济效益。

（三）植物配置不合理

为起到低碳环保的作用，风景园林的植物景观不仅要具有观赏价值，还要发挥吸碳功能，而植物的固碳能力因种类不同而存在差异性，在种植设计时，合理的植物搭配有利于风景园林发挥吸碳功能。目前，大部分风景园林景观中都存在着大面积的草地，但这种单一种类的植物设计不利于水土保持，相较于丰富的植物种类搭配，单一草地设计所产生的经济与生态效益相对较弱。

因此，除高尔夫球场或足球场等具有硬性草地需求，其他风景园林中不建议选择此种设计方式。

三、风景园林设计的内容

风景园林设计是一个由浅入深不断完善的过程，风景园林设计者在接到任务后，应该首先充分了解设计委托方的具体要求，然后善于进行基地调查，收集相关资料，对整个基地及环境状况进行综合概括分析，提出合理的方案构思和设想，最终完成设计。

风景园林设计通常主要包括方案设计、详细设计和施工图设计三大部分。这三部分在相互联系相互制约的基础上有着明确的职责划分。

方案设计作为风景园林设计的第一阶段，它对整个风景园林设计过程起到的作用是指导性的，该阶段的工作主要包括确立设计的思想、进行功能分区，结合基地条件、空间及视觉构图，确定各种功能分区的平面位置，包括交通的布置、广场和停车场地的安排、建筑及入口的确定等内容。

详细设计阶段就是全面地对整个方案各方面进行更为详细的设计，包括确定准确的形状、尺寸、色彩和材料，完成各局部详细的平立剖面图、详图、园景的透视图以及表现整体设计的鸟瞰图等。

施工图阶段是将设计与施工连接起来的环节，根据所设计的方案，结合各工种的要求分别制定出能具体、准确地指导施工的各种图纸，能清楚地表示出各项设计内容的尺寸、位置、形状、材料、种类、数量、色彩以及构造和结构，完成施工平面图、地形设计图、种植平面图、园林建筑施工图等。

四、风景园林设计的实质是空间设计

创造空间是风景园林设计的根本目的之一。在用地规划、方案设计中已厘清了各使用区之间的功能关系及其与环境的关系，在此基础上还需将其转化为可用的、符合各种使用目的的空间。

规划主要是平面的布置，而设计主要是立体空间的创造。每个空间都有其特定的形状、大小、构成材料、色彩、质感等构成因素，它们综合地表达了空间的质量和空间的功能作用等。设计中既要考虑空间本身的这些质量和特征，又要注意整体环境中诸空间之间的关系。

（一）风景园林空间的属性

风景园林空间中的围合性质，使人在不同围合程度的空间具有不同的心理感受。开放性和私密性体现在空间的围合质量上，而空间的围合质量与封闭性有关，主要反映在垂直要素的高度、密实度和连续性等方面。高度分为相对高度和绝对高度，相对高度是指围合墙面的实际高度和视距的比值，通常用视角或高宽比表示。绝对高度是指围合墙面的实际高度，当围合墙面低于人的视线时空间较开敞，高于视线时空间较封闭。空间的封闭程度由这两种高度综合决定。影响空间封闭性的另一因素是围合墙面的连续性和密实程度。同样的高度，围合墙面越空透，围合的效果就越差，内外的渗透就越强。不同位置的围合墙面所形成的空间封闭感也不同，其中位于转角的墙的围合能力较强。空间封闭感强，则私密性强；反之，空间封闭性弱，即开放性强。

（二）空间构成要素的处理

"底界面""顶界面""围合墙面"是构成风景园林空间的三大要素。底界面是空间的起点、基础；围合墙面因地而立，或划分空间或围合空间；顶界面的主要功能是遮挡。底界面与顶界面是空间的上下水平界面、围合墙面是空间的垂直界面。与建筑室内空间相比，外部空间中顶界面的作用要小些，围合墙面和底界面的作用要大些，因为围合墙面是垂直的，并且常常是视线容易到达的地方。

空间的存在及其特性来自形成空间的构成形式和组成因素，空间在某种程度上会带有组成因素的某些特征。顶界面与围合墙面的空透程度、存在与否决定了风景园林空间的构成，底界面、顶界面、围合墙面诸要素各自的线、形、色彩、质感、气味和声响等特征综合地决定了空间的质量。充分利用园林要素的特性，可以营造出丰富的空间。因此，首先要撇开底界面、顶界面、围合墙面诸要素的自身特征，只从它们构成风景园林空间的方面去考虑诸要素的特征，并使之能准确地表达所希望形成的空间的特点。

1. 空间中底界面的处理

"底界面"是园林空间的根本，不同的"地"体现了不同空间的使用特性。宽阔的草坪可供坐憩、游戏；空透的水面、成片种植的地被物可供观赏；硬质铺装、道路可疏散和引导人流。通过精心推敲的形式、图案、色彩和起伏可以获得丰富的环境，提高空间的质量。

2. 空间中顶界面的处理

顶界面是为了遮挡而设，风景园林空间中的顶界面有很多类型。景观拉膜可供遮阳避雨；廊架、花架可供休憩观赏。不同的造型、材质、色彩的顶界面，可以创造不同的空间。

3. 空间中围合墙面的处理

围合墙面因地而立，或划分空间或围合空间。植物和构筑物等都可以起到划分或围合空间的作用，高度不同的植物组合，可以营造出不同类型的景观空间，如封闭空间、半开敞空间等。

第二节　风景园林方案设计方法

方案设计的方法大致可分为从逻辑思维入手和从形象思维入手两大类。它们最大的差别主要体现为方案构思的切入点与侧重点的不同。

"逻辑思维"对于风景园林设计来说是有重要意义的，逻辑思维的进行是通过一系列的推理而寻求"必然地得出"。设计具有强烈的目的性，它的最终结果就是要获得"必然地得出"——在社会生产、分配、交换、消费各领域中满足目标市场，体现多种功能，实现复合价值。因此，当逻辑思维被引入设计领域时，它便可以成为一种行之有效的理性方法或工具，从而指导设计的思考及实践过程。

"形象思维"是一种较感性的思维活动，是一种不受时间、空间限制，可以发挥很大的主观能动性，借助想象、联想甚至幻想、虚构来达到创造新形象的思维过程；它具有浪漫色彩，并也因此极不同于以理性判断、推理为基础的逻辑思维。形象思维在设计过程中体现了非常重要的指导意义，它作为设计思维的重要组成部分，给设计者提供三种具体表现形式：首先是原形模仿表现形式，其次是象征表现形式，最后一种是规定性表现方式。总之，无论哪一种表现方法都是形象思维在设计活动中的具体应用，它是一种实用的方法，在实践中具有很大的灵活性。

在掌握了多种表现技能与形象思维的能力后，便进入了方案设计的阶段。方案设计的阶段由以下几方面组成：

一、方案任务分析

(一) 风景园林设计程序的特点和作用

设计程序有时也称为"课题解决的过程"，它通常指遵循一定程序的不同设计步骤的组合，这些设计步骤是经过设计工作者长期实践总结，被建筑师、规划师、风景园林师广泛接受并用来解决实际设计问题。

1. 风景园林设计程序的特点

①为创作设计方案，提供一个合乎逻辑的、条理井然的设计程序。

②提供一个具有分析性和创造性的思考方式和顺序。

③有助于保证方案的形成与所在地点的情况和条件（如基地条件、各种需求和要求、

预算等）相适应。

④便于评价和比较方案，使基地得到最有效的利用。

⑤便于听取使用单位和使用者的意见，为群众参加讨论方案创造条件。

2. 风景园林设计程序的作用

在风景园林空间设计中，典型的设计程序包括下列步骤：

①设计任务书的熟悉和消化。

②基地调查和分析阶段。a. 基地现状调查内容；b. 基地分析；c. 资料表达。

③方案设计。a. 理想功能图析；b. 基地分析功能图析；c. 方案构思；d. 形式构图研究；e. 初步总平面布置；f. 总平面图；g. 施工图。

④回访总结。上述设计步骤表示了理想设计过程中的顺序，实际上有些步骤可以相互重叠，有些步骤可能同时发生，甚至有时认为有必要改变原来的步骤，这要视具体情况而定。

初学者应理解，优秀设计的产生不是一蹴而就的，也没有不费力气就能解决实际设计问题的方程式和智力。设计也不仅是在纸上绘图，构思上有特点的设计要求有敏锐的观察力、大量的分析研究、思考和反复推敲以及创造的能力。应注意的是，设计包含两方面：一是偏理性方面，如编制大纲、收集信息，分析研究等；二是偏直觉方面，如空间感受、审美、观赏等。而设计程序是达到目标所采取的方法、手段，包括理性和直觉两方面，这对设计者在组织工作、思考问题和对可能产生的最好的设计有很大帮助。

（二）设计前的准备和调研

设计前的准备和调研，是一项相当重要的工作。采用科学的调研方法取得原始资料，作为设计的客观依据，是设计前必须做好的一项工作。它包括：熟悉设计任务书；调研、分析和评价；走访使用单位和使用者；拟定设计纲要等。

1. 设计任务书的熟悉和消化

设计程序的第一步是熟悉设计任务书。设计任务书是设计的主要依据，一般包括设计规模、项目和要求，建设条件，基地面积（通常有由城建部门所划定的地界红线），建设投资，设计与建设进度，以及必要的设计基础资料（如区域位置，基地地形、地质，风玫瑰图，水源、植被和气象资料等）和风景名胜资源等。在设计前必须充分掌握设计的目标、内容和要求（功能的和精神的），熟悉地方民族及社会风俗风尚、历史文脉、地理及环境特点、技术条件和经济水平，以便正确地开展设计工作。

2. 调研和分析

熟悉设计任务书后，设计者要取得现状资料及其分析的各项资料，在通常的情况下，

还要进行现场踏勘。

园林拟建地又称为基地，它是由自然力和人类活动共同作用所形成的复杂空间实体，它与外部环境有着密切的联系。在进行园林设计之前应对基地进行全面、系统的调查和分析，为设计提供详细、可靠的资料与依据。基地的现场调查是获得基地环境认知和空间感受不可或缺的途径。

（1）基地现状调查内容

基地现状调查包括收集与基地有关的技术资料和进行实地勘察、测量两部分工作。有些技术资料可从有关部门查询得到，如基地所在地区的气象资料、基地地形及现状图、各种相关管线资料、相关的城市规划资料等。对查询不到但又是设计所必需的资料，可以通过实地调查、勘测得到，如基地及其周边环境的视觉质量、基地小气候条件、详细的现状植被状况等。如果现有资料精度不够、不完整或与现状有差异，则应重新勘测或补测。基地现状调查的内容涉及以下几方面：

①自然条件：地形、水体、土壤与地质、植被。

②气象资料：日照条件、温度、风、降雨。

③人工设施：建筑及构筑物、道路和广场、各种管线设施。

④人文及视觉环境：基地现状自然与人文景观、视域条件、与场地相关的历史人文资源。

⑤基地范围及其周边环境：基地范围、基地周边知觉环境、基地周边地段相关的城市规划与建设条件。

现状调查并不需要将以上所列的内容全部调查清楚，应根据基地的规模与性质、内外环境的复杂程度，分清主次目标。相关的主要内容应深入详尽地调查，次要的仅须做一般了解。

（2）基地分析

调查是手段，分析才是目的。基地分析是在客观调查和基于专业知识与经验的主观评价的基础上，对基地及其环境的各种因素做出综合性的分析与评价，趋利避害，使基地的潜力得到充分发挥。基地分析在整个设计过程中占有很重要的地位，深入细致的基地分析有助于园林用地规划和各项内容的详细设计，并且在分析过程中产生的一些设想通常对设计构思也会有启发作用。基地分析包括在地形资料的基础上进行坡级分析、排水类型分析，在地质资料的基础上进行地面承载分析，在气象资料的基础上进行日照条件分析、小气候条件分析等。

较大规模的基地需要分项调查，因此基地分析也应按不同性质的分项内容进行，最后再综合。首先，将调查结果分别绘制在基地底图上，一张底图上通常只做一个单项调查内容，然后将诸项内容叠加到一张基地综合分析图上。由于各分项的调查或分析是分别进行的，因此能够做得较细致与深入，但在综合分析图上应该着重表示各项的主要和关键内容。基地综合分析图的图纸宜用描图纸，各分项内容可用不同的颜色加以区别。基地规模较大、条件相对复杂时可以借助计算机进行分析，例如很多地理信息系统（GIS）都具有很强的分析功能。

（3）资料表达

在基地调查和分析时，所有资料应尽量用图面或图解并配以适当的文字说明，做到简明扼要。这样资料才直观、具体、醒目，给设计带来方便。

带有地形的现状图是基地调查、分析不可缺少的基本资料，通常称为基地底图。基地底图应依据园林用地规模和建设内容选用适宜的比例。在基地底图上须表示出比例和朝向、各级道路网、现有主要建筑物，以及人工设施、等高线、大面积的林地和水域、基地用地范围等。另外，在需要缩放的图纸中应标出缩放比例尺图，用地范围采用双点画线表示。基地底图不要只限于表示基地范围之内的内容，也应给出一定范围的周边环境。为了能准确地分析现状地形及高程关系，也可做一些典型的场地剖面。

二、方案的构思推演

风景园林设计必须"以人为本"，从人的实际需求出发，这是不变的大前提。但同时我们必须清楚地看到，园林景观是主客观因素综合作用的结果，因此对于设计，我们不能不考虑城市环境的制约作用，考虑园林景观在城市整体环境中的地位和作用；不能不认真对待自然环境要素的影响，使风景园林设计的深层文化内涵符合时代与社会的要求。因此，风景园林的构思与选择的过程中必然要综合主客观多方面的因素。

（一）构思立意——功能推演

1. 功能空间的确定

涉及具体的功能设置，首先要确定风景园林空间具体的功能组成。在风景园林空间的设计之初，许多时候设计者不会收到特别详尽的任务书，因此许多具体功能只能自行确定。这就需要设计者对功能的设置要控制得当，过多不切合实际的功能设置，往往会使环境质量无法得到保证，空间也会变得凌乱不堪。

在明确了风景园林空间具体的功能组成以后，就需要为所设定的功能寻求相对应的室外空间。

根据功能的要求在确定空间的大小时，有些情况下是比较明确的，如体育活动场地的尺寸几乎是定值，道路的尺寸可以根据车流或人流的情况加以推算；有些时候可以用最小值来控制；但更多的时候是"模糊的"。这主要是因为，很多情况下在功能的量化过程中，不仅要满足使用功能的要求，还需要考虑其精神、文化功能以及与周围环境尺度上的和谐等。这时，设计人员没有确切的数值可供参考，但可以通过对同类环境的研究，凭借自己的经验和对场所功能的理解来进行推断。

根据风景园林空间的功能组成明确了相应的空间大小和形态特点以后，接下来就需要具体的功能组织。这些大小不等、形态各异的空间必须经过一定脉络的串联才能成为一个有机的整体，从而形成风景园林平面的基本格局。由于不同使用性质的园林景观其功能组成有很大差别，所以在进行功能组织时，必须根据具体的情况具体解决。但从设计过程来看，我们都是先对这些功能进行分类，明确功能之间的相互关系，再根据功能之间的远近亲疏进行功能安排。需要注意的是：在进行功能组织时，虽然应以满足使用的合理性为前提，但也要考虑与功能相对应的空间形态的组合效果。同一个园林景观对应的功能组织方式并不是唯一的，所以也没带来各种空间组合变化的可能，从而创造出不同的环境氛围，对于这些在设计中要有统一的考虑。这也是一个园林景观功能组织是否成功的重要依据。

2. 理想功能图析

功能空间的组织可以通过理想功能图来分析。理想功能图析是设计阶段的第一步，也就是说，在此设计阶段将要采用图析的方式，着手研究设计的各种可能性。它要把研究和分析阶段所形成的结论和建议付诸实现。在整个设计阶段中，先从一般的和初步的布置方案进行研究（如后述的基地分析功能图析和方案构思图析），继而转入更为具体和深入的考虑。

许多功能性概念易于用示意图表示，比如用不规则的斑块或圆圈表示使用面积和活动区域。在绘出它们之前，必须先估算出它们的尺寸，这一步很重要，因为在一定比例的方案图中，数量性状要通过相应的比例去体现。比如要设计一个能容纳 50 辆车的停车场，就需要迅速估算出它所占的面积。然后可用易于识别的一个或两个圆圈来表示不同的空间。

简单的箭头可表示走廊和其他运动的轨迹，不同形状和大小的箭头能清楚地区分出主要和次要走廊以及不同的道路模式，如人行道和机动车道。

星形或交叉的形状能代表重要的活动中心、人流的集结点、潜在的冲突点以及其他具有较"之"字形线或关节形状的线能表示线性垂直元素如墙、屏、栅栏、防护堤等。

在这一设计阶段，使用抽象而又易画的符号是很重要的。它们能很快地被重新配置和组织，这能帮助你集中精力做这一阶段的主要工作，即优化不同使用面积之间的功能关系，解决选址定位问题，发展有效的环路系统，推敲一些设计元素为什么要放在那里并且如何使它们之间更好地联系在一起。普遍性的空间特性，不管是下陷还是抬升，是墙还是顶棚，是斜坡还是崖径，都能在这一功能性概念阶段得到进一步发展。

此外，理想功能图析是采用图解的方式进行设计的起始点。做理想功能图析的目的是，在设计所要求的主要功能和空间（前述设计组成中的空间或项目）之间求得最合理、最理想的关系。进一步的意义是，它有效地帮助设计创作工作，保证使用上的合理性，消除各种功能和空间之间可能存在的矛盾。

理想功能图析是没有基地关系的，它像通常所说的"泡泡图"或"略图"那样，以抽象的图解方式安排设计的功能和空间。

3. 基地分析功能图析

基地分析功能图析是设计阶段的第二步，它使理想功能图析所确定的理想关系适应既定的基地条件。基地分析功能图析除要表示上述理想功能图析所表示的资料外，还应考虑两个问题：一是功能/空间的布置应与基地的实际情况相结合，住宅内部房间的安排也要与基地实际条件相适应；二是功能/空间的范围可用轮廓图并按一定比例绘出其布置情况。在这一步骤中，设计者最关注的事情，一是主要功能/空间相对于基地的配置；二是功能/空间彼此之间的相互关系。所有功能/空间都应在基地范围内得到恰当的安排。

现在，设计者已着手考虑基地本身条件了。为了正确地适应于基地的实际情况，由理想功能图析所确定的基本关系往往会有些改变，这样的变化，如果与基地条件相适应的话，那就不必担忧或防止。基地分析功能图析是在对基地的调查和分析的基础上，研究基地的合理功能关系，这是促使设计者根据基地的可能和限制条件，来考虑设计的适应性和合理性的最好方法。因为现在基地分析功能图析中的不同使用区域，已与功能/空间取得联系和协调，这有助于设计者考虑基地的现状。

在这一设计方案的过程中，第一步概念层次的组织形式已被应用于场地上了。随着从概念到形式的进程，我们将应用另一层次的组织形式对该场地进行进一步设计。

（二）方案构思——空间形态的推演

从概念到形式的跳跃被看成是一个再修改的组织过程。在这一过程中，那些代表概念的松散的圆圈和箭头将变成具体的形状，可辨认的物体将会出现，实际的空间将会形成，精确的边界将会被绘出，实际物质的类型、颜色和质地也将会被选定。在后面的部分将详细介绍如何创造性地选择这些元素，但在此之前了解它们的基本特征还是很重要的。

1. 构图要素

我们把设计的基本元素归纳为 10 项，其中前 7 项，即点、线、面、形体、运动、颜色和质地是可见的且常见形式，而后 3 项，声音、气味、触觉则是非视觉形式。

①点。一个简单的圆点代表空间中没有量度的一处位置。

②线。当点被移位或运动时，就形成了一维的线。

③面。当线被移位时，就会形成二维的平面或表面，但仍没有厚度。这个表面的外形就是它的形状。

④形体。当面被移位时，就形成三维的形体。形体被看成实心的物体或由面围成的空心物体。就像一座房子由墙、地板和顶棚组成一样，户外空间中形体是由垂直面、水平面或包裹的面组成。把户外空间的形体设计成完全或部分开敞的形式，就能使光、气流、雨和其他自然界的物质穿入其中。

⑤运动。当一个三维形体被移动时，就会感觉到运动，同时也把第四维空间——时间当作了设计元素。然而，这里所指的运动，应该理解为与观察者密切相关。当我们在空间中移动时，我们观察的物体似乎在运动，它们时而变小时而变大，时而进入视野时而又远离视线，物体的细节也在不断变化。因此在户外设计中，正是这种运动的观察者的感官效果比静止的观察者对运动物体的感觉更有意义。

⑥颜色。所有物体的表面部分都有特定的颜色，它们能反射不同的光波。

⑦质地。在物体表面反复出现的点或线的排列方式使物体看起来粗糙或光滑，或者产生某种触摸到的感觉。质地也产生于许多反复出现的形体的边缘，或产生于颜色和映像之间的突然转换。

剩余的三种元素是不可见的元素。

⑧声音。听觉感受。对我们感受外界空间有极大的影响。声音可大可小，可以来自自然界也可以人造，可以是乐音也可是噪声等。

⑨气味。嗅觉感受。在园林中花、阔叶或针叶的气味往往能刺激嗅觉器官，它们有的带来愉悦的感受，有的却引起不快的感觉。

⑩触觉。触摸的感受。通过皮肤直接接触，我们可以得到很多感受：冷和热、平滑和粗糙、尖和钝、软和硬、干和湿、有无黏性、有无弹性，等等。

把握住这些设计元素能给设计者带来很多机会，设计者能有选择地或创造性地利用它们满足特定的场地和使用者的要求。

伴随着概念性草图的进展，探讨了许多设计形式，这些形式仅仅是设计中最普遍和有用的形式，绝非唯一的形式。它们仅仅是经过设计者描绘过的一幅调色板。

设计形式进一步的发展过程取决于两种不同的思维模式。一种是以逻辑为基础并以几何图形为模板，所得到的图形遵循各种几何形体内在的数学规律。运用这种方法可以设计出高度统一的空间。

但对于纯粹的浪漫主义者来说，几何图形可能是比较乏味的、丑陋的、令人厌倦的和郁闷的。他们的思维更偏向以自然为模板，通过更加直觉的、感性的方法把某种意境融入设计中。他们设计的图形似乎无规律、琐碎、离奇、随机，但却迎合了使用者喜欢消遣和冒险的一面。

两种模式都有内在的结构，但没必要把它们绝对地区分开来。如看到一系列规则的圆随机排列在一起能产生愉悦感，但看到一些不规则的一串串泡泡也会产生类似的感觉。

2. 构图方式

在了解构图要素之后，可以应用不同的思维模式，对构图要素进行组合，形成不同的构图方式。

重复是组织中一条有用的原则，如果我们把一些简单的几何图形或由几何图形换算出的图形有规律地重复排列，就会得到整体上高度统一的形式。通过调整大小和位置，就能从最基本的图形演变成有趣的设计形式。

几何形体开始于三个基本的图形：正方形、三角形和圆形。

从每一个基本图形又可以衍生出次级基本类型：从正方形中可衍生出矩形；从三角形中可衍生出 45°/90° 和 30°/60° 的三角形；从圆形中可衍生出各种图形，最常见的包括两圆相接、圆和半圆、圆和切线、圆的分割、椭圆、螺线等。

归纳几何形体在设计中的应用，把一个社区广场的概念性规划图用不同图形的模式进行设计。每一方案中都有相同的元素：临水的平台、设座位的主广场、小桥和必要的出入口。例中显示了用这些相当规则的几何形体为模式所产生的不同空间效果。

3. 构图空间组织

风景园林空间是由建筑、场地、水体、绿化等实体要素组成的，空间形态就是这些实体要素组合关系最直接的表达，人们通过对实体要素的感觉来感知它，通过在其中的各种活动来体验和评价它。但实际上，对空间形态的考虑也反过来制约实体要素的生成，所以在风景园林设计中对空间的设想必然伴随着对实体的思考，对风景园林空间设计也必然是与考虑实体要素的设计相伴而行。

（1）空间的形态

风景园林空间的形态是与功能要求相适应的结果，它主要包括空间的形态和空间的开放性两方面。由于建筑外部空间是"没有屋顶的建筑"，边界有时也是虚化的界面，所以其平面形式是决定空间形态的重要因素。点、线、面是三种基本的平面形式，从抽象形式美的角度来看，优秀的风景园林设计常常体现出点、线、面的完美组合。但需要注意的是，在这里我们虽然将空间形态划分为点、线、面三种基本形式，但这三者是一个相对的概念，例如，广场环境是以完整的面的形式出现的，但对于整个城市环境来说它只是一个节点。

空间的开放性主要是指空间开敞或封闭的程度。由于风景园林空间的顶面是广阔的蓝天，所以其封闭的程度主要取决于围护面要素的形态、组合方式以及围护面的高度与它所围合的空间宽度的比值等。

讨论空间封闭性时，应当考虑到围合面的高度与人眼的高度有密切的关系。30cm 的高度只是能达到勉强区别领域的程度，几乎没有封闭性，其高度适合于憩坐；在 60~90cm 高度时，空间在视觉上依然具有连续性，还没有达到封闭的程度，其高度适于凭靠休息；当达到 1.2m 高度时，身体的大部分逐渐看不到了，产生一种安全感，同时，作为划分空间的隔断性加强了，但视觉上依然具有充分的连续性；到达 1.5m 高度时，除头之外的身体都被遮挡了，产生了相当的封闭感；当达到 1.8m 高度时，空间被完全划分开来。对于下沉空间，对其空间的封闭感和连续性的判断，也可依此。

在进行风景园林空间组织时，我们还必须处理好各部分空间之间的渗透与层次。风景园林空间通常不会也不必要被实体围合得严严密密，实际上也只有当各部分空间之间由于开口或虚化的界面而互相渗透时，空间才能更具有层次感，才能真正变得丰富起来。

我国传统的北京四合院空间就是通过增加空间层次，在不大的外环境中创造出深远的感受。高高的院墙围合成大大小小的院落空间，通过沿轴线布置的垂花门、敞厅、花厅、轿厅的通透部位使各个空间在视觉上联系起来，一重重的院落隔而不断，空间互相因借，彼此渗透，给人以"庭院深深深几许"的强烈感受。

空间的层次感还体现在不同使用性质的空间之间相互的联系与渗透，例如：

外部的—半外部的—内部的；

公共的—半公共的—私用的；

嘈杂的、娱乐的—中间性的—宁静的、艺术的；

动的、体育性的—中间性的—静的、文化的。

在风景园林中空间之间互相渗透，形成丰富的层次感，同时也使环境景观得到了极大的丰富。由于空间之间的互相渗透而产生视觉上的连续性，人们在观景时视线不再只停留在近处的景观上，可以渗透出去到达另一个空间的某一个景点，并可由此再向外扩展，这种景致绝对不是可以在一个单一的空间中获得的。另外，随着视线的不断变幻渗透，空间也由静止的状态产生了流动的感觉，从而变得丰富起来。

那么，如何形成并有效控制空间的渗透，增强空间的层次感呢？关键在于围护面的虚实设计。由于在风景园林中，可以作为围护面的要素十分丰富，这就为我们创造层次丰富的风景园林空间创造了条件。在设计中，可以用建筑作为较为封闭的围护面，也可以用连廊、矮墙作为较为开放的围护面；用树丛、水体、列柱则可形成更为开放的虚界面。这样，通过围护面虚中有实、虚实相生、实中留虚等不同的处理，并有计划地安排好空间连接和渗透的位置、大小和形式，就可以创造出较为丰富的空间层次。

（2）空间的序列

空间的序列与空间的层次有许多相似的地方，它们都是将一系列空间互相联系的方法。但看见的序列设计更注重的是考察人的空间行为，即当人依次由一个空间到另一个空间，亲身体验每一个空间后，最终所得到的感受。

对于空间序列的设计，在东西方传统的风景园林空间中有着很大的差异。一个是从一开始就一览无余地看到对象的全貌；一个是有控制地一点一点给人看到。前者往往一下给人以强烈的印象，具有标志性；后者给人以种种期待，耐人寻味。我们虽然不能妄下结论，断定哪一种空间序列的处理方式更好，但如何使整个空间序列具有变化是这两种处理方式中都必须考虑的问题。随着人的移动而时隐时现，给空间带来变化的情况是常有的。例如，让远景一闪而现，一度又看不到了，然后又豁然出现，使景观在空间中产生跳跃，避免了单调感。又如，在中国古典园林中常有这样的情形，当你在一个空间中赏景时，透过景窗或园门另一个景观开始引起你的注意，这种吸引力伴随着你由一个空间进入另一个空间，直至游遍整个园林。这种逐渐展开的空间序列使游人始终沉浸在由好奇到惊叹，又产生新的好奇这样有节奏的情绪激荡中，不由自主地沿着观景的路线行进。

总之，通过空间形态的收放来突出主体空间，运用形态的重复来增强空间的节奏感，利用空间的转折或突现来增强空间的趣味性等空间序列的处理手法，可以使平淡的空间变得亲切、生动，更具吸引力。

（3）空间的布局

建筑空间是建筑使用功能的反映，同样，风景园林的空间布局也必然是园林景观功能布局的体现，但这种体现和反映不是被动的。风景园林空间所对应的功能组织方式并不是唯一的，因此，在设计中出于对空间效果的考虑也常常反过来影响着功能布局方式的选择。因此，寻求空间变化与使用效率的最佳契合点也成为设计中的重点和难点。

风景园林的空间布局还与人的心理需求有关。人对空间布局的感知是在运动中完成的，人们随着位置的变化来感受不同的空间氛围，体验着空间序列的变换。在这个感知过程中，人们希望看到预想的景致，但适宜的出乎意料所带来的激动和惊喜有时效果会更好。因此，在空间布局阶段必须对空间的"统一"和"变化"做整体的考虑。

下面介绍几种常见的空间布局模式：

①轴线组织。沿轴线组织空间是最常见的空间布局形式之一，它能给人以理性、有序的整体感。轴线可以转折，产生次要轴线，也可做迂回、循环式展开。设置的方法可以与已建的建筑群的轴线一致，与基地的某一边一致或者与周围区域及城市的主要轴线相一致。当然也可以根据基地条件有意识地与上述轴线呈一定的夹角，使空间成为整体布局中的活跃因素。

在一些需要体现秩序感、庄严感的空间中，运用轴线能有效地增强环境的空间效果；当需要在一群松散的个体之间形成秩序时，设置轴线将一部分的要素组织起来也是一个有效的方法。

②中心组织。将一个空间置于中心位置，其他的空间依据同一种或几种模式与之衔接的空间布局模式。在建筑外环境中，如果某一空间很重要，或者与周围的空间联系密切，在空间布局时采用中心组织的模式是比较适合的。中心组织还包括双中心组织、多中心组织等变化形式。

③聚集组织。空间以不确定的模式集合成整体。这种空间布局的特点是形态丰富多变，但由于缺少严谨的秩序，所以在设计中需对各个空间的形态以及它们之间的组合方式作整体的考虑。

④嵌套组织。较小的空间依次连续地套在下一个更大的空间单元中，如果嵌套在一起的各个空间共有一个中心，可给人以严谨的秩序感。

（4）空间的处理

空间的处理应从单个空间本身和不同空间之间的关系两方面去考虑。单个空间的处理中应注意空间的大小和尺度、封闭性、构成方式、构成要素的特征（形、色彩、质感等）以及空间所表达的意义或所具有的性格等内容。多个空间的处理则应以空间的对比、渗透、序列等关系为主。

空间的大小应视空间的功能要求和艺术要求而定。大尺度的空间气势壮观，感染力强，常使人肃然起敬，多见于宏伟的自然景观和纪念性空间。有时大尺度的空间也是权力和财富的一种表现和象征，例如北京的颐和园、法国巴黎的凡尔赛宫苑等帝王园林中就不乏巨大尺度的空间。小尺度的空间较亲切怡人，适合于大多数活动的开展，在这种空间中交谈、漫步、坐憩常使人感到舒坦、自在。

为了塑造不同性格的空间就需要采用不同的处理方式。宁静、庄严的空间处理应简洁；流动、活泼的空间处理要丰富。

为了获得丰富的园林空间，应注重空间的层次，获得层次的手段有添加景物层次，设置空透的廊、开有门窗的墙和稀疏的种植。

在有限的基地中要想扩大空间可采用借景或划分空间的方式。"园虽别内外，得景则无拘远近。"借景是将园外景物有选择地纳入园中视线范围之内，组织到园景构图中去的一种经济、有效的造景手法，不仅扩大了空间，还丰富了空间层次。

空间的对比是丰富空间之间的关系，形成空间变化的重要手段。当将两个存在着显著差异的空间布置在一起时，由于大小、明暗、动静、纵深与广阔、简洁与丰富等特征的对比，而使这些特征更加突出。没有对比，就没有参照，空间就会单调、索然无味；大而不见其深，阔而不显其广。例如，当将幽暗的小空间和开敞的大空间安排在空间序列中时，从暗小的空间进入较大的空间，由于小空间的暗，小衬托在先，从而使大空间给人以更大、更明亮的感受，这就是空间之间大小、明暗的对比所产生的艺术效果。我国古典园林中不乏巧妙地运用空间对比获得小中见大艺术效果的佳例。

当将一系列的空间组织在一起时，应考虑空间的整体序列关系，安排游览路线，将不同的空间连接起来，通过空间的对比、渗透、引导，创造富有性格的空间序列。在组织空间、安排序列时应注意起承转合，使空间的发展有一个完整的构思，创造一定的艺术感染力。例如，规模较小的苏州拥翠山庄，空间序列虽然很简单，但也有一个从开始段→引导段→高潮段→结尾段的完整构思。从很长的台阶拾级而上，进入拥翠山庄门后为一简洁、较封闭的小空间，北侧为抱瓮轩，经过该较小、较暗、简单、封闭的过渡空间后便进入了较大、较明亮、层次丰富、视线开敞的大空间；过抱瓮轩后拾级而上，过问泉亭、月驾轩直到灵澜精舍，台地迭起、石径盘转、树木茂盛、视线开阔，确有"城市山林"之势，该空间为全园的高潮景区；过灵澜精舍之后直到送青簃是一组视线封闭、布置简单、整齐的空间。整个庭园空间布局主次分明、序列结构清晰完整。

4. 案例方案构思介绍

（1）构思

方案构思是基地分析功能图析的直接结果和进一步的推敲和精炼，两者之间的主要区别是，方案构思图在设计内容和图像的想象上更为深化、具体。它把基地分析功能图析中所划分的区域，再分成若干较小的特定用途和区域。另外，徒手画的外形轮廓和抽象符号虽可用来作为方案构思图像的表现，但它还未涉及区域的具体形状和形式。

（2）图式研究

以方案构思来说，设计者可以把相同的基本功能区域做出一系列的不同配置方案，每个方案又有不同的主题、特征和布置形式。而这些设计方案还可用直线、曲线、圆形、多角形、弧形以及它们的变体或复合体组合而成。设计所要求的形状或形式可直接从已定的方案构思图中求得。因此，在形式构图研究这一设计步骤中，设计者应该选定设计主题（什么样的造型风格），使设计主题最能适应和表现所处的环境。设计主题的选择可根据建筑特征、基地场所、设计者或使用者的喜爱而定。

由于设计者考虑了形式构图的基本主题，接着就要把方案构思图中的区域轮廓和抽象符号转变成特定的、确切的形式。形式构图研究是重叠在初定的方案构思图上进行的，所以方案构思图上的基本配置是保留的。设计者在遵守方案构思图中的功能和空间配置的同时，还要努力创造富有视觉吸引力的形式构图。形式构图的组织结构应以"形式构成基本原理"为基准。

三、方案的调整与深入

（一）方案的调整与深入的主要内容

方案的调整是描述设计程序中，如何结合实际情况，安排处理设计的所有组成部分，使之基本安排就绪。首先要研究设计的所有组成部分的配置，不仅要研究单个组成部分的配置，而且要研究它们在总体中的关系。在方案构思和形式构图研究步骤中所确定的区域范围内，方案调整时再做进一步的考虑和研究。

1. 整体

方案的调整首先要从整体出发，这里的整体包括三个层面的意义：每一个风景园林的形成都要考虑基地内原有自然要素的制约作用，使自然环境与人工环境均衡发展；考虑与相邻的外部空间的协调关系，使"邻里"之间友好对话；考虑与包含着该环境的更大的外部环境，以至于城市整体空间环境的协调关系，使外环境成为城市整体的有机组成部分。

在制约风景园林设计的自然因素中场地中的地形、水体和植被对设计的影响最大，作为有形的要素它们直接参与到外环境设计中来，并可以很自然地成为设计人员进行外环境设计的出发点。

地形起伏的场地可以产生层次丰富而有特征的环境，但同时也给各类室外活动带来一定的影响。一般而言坡度小于4%的场地可以近似看成平地；坡度在10%之内对行车和步行都不妨碍；坡度大于10%，人步行时会觉得吃力，需要改造并设置台阶。但起伏较大的地形也给创造更加丰富的外部空间带来了机会，结合地形合理设置踏步、平台可以增加空间的趣味性和层次感，使外环境更具有特色。

如果在基地中有自然水体濒临或穿过，就需要弄清该水体的现状，加以改造利用，使其成为风景园林空间的一部分。在设计中要注意，应尽量避免水面处于建筑的大片阴影中，因为水在阳光的照射下才会呈现活跃闪烁的动人魅力，而阴影中的水则容易让人产生冷漠的感受。滨河区域的设计应考虑使人易于接近水面，进行各种亲水活动。

基地内部如果有成熟的林带、植被，甚至古树名木是十分难得的有利因素。人天生就对绿树怀有好感，绿树能为人们提供清新的空气，隔绝噪声，遮蔽烈日，还能产生宁静、舒适的心理感受以及清新优雅的生活气息，所以在设计中，有可能的条件下应尽力保留树木，使其成为构成美好风景园林空间的重要因素。

对基地周边自然环境的尊重和利用主要体现在：设计中如何运用对景、借景、框景等手法，将远近的自然景观引入小环境之中；同时，对外环境中的建筑物和构筑物的体量加以控制，避免对基地景观产生不利影响。

在进行风景园林设计时还需要考虑基地内已建的建筑、道路和各类环境设施，特别是周边业已形成的特征环境、人文环境对设计的制约作用。赖特在有机建筑理论中指出，建筑应该是从环境中自然生长出来的，风景园林景观何尝不是如此。每一处新建的风景园林景观是否成功，是否有生命力，关键在于它是否能成为周围大的环境的有机组成部分，与"邻里"之间友好相处。要做到这一点其实并不难，关键是要有谦虚的态度和理性的思索。如，有时设计须朴实适用，而将美丽的城市景观引入环境，作为主景；沿轴线序列展开空间时，使场地的轴线与基地附近重要建筑的轴线相一致，加强空间效果；保持基地内的道路与周边道路衔接、畅通等。

从城市的整体来考虑，每一个新的风景园林景观都是在续写城市环境的新篇章。基于这一点，风景园林景观的设计应当与城市的整体风貌相一致，并具有前瞻性，推动整个城市环境建设向更高的层次发展。而只顾自身个性的张扬，只能是对内虽自成一体，但对外却是"破坏性建设"的失败之作。

2. 细部

细部是一个相对的概念，这里所说的细部设计是针对风景园林空间中的实体要素而言的。

实际上，在前面介绍风景园林空间的构成要素时，我们已经对相关实体要素的设计要点做了简要的介绍。需要补充的是，具体到每一个实体要素的设计时，必须以尊重外环境的整体构思为前提。对于初学者常有这样的情况发生，痴迷于外环境中某个局部的设想，甚至具体到某个实体要素的设想，从而因小失大，忽略了环境的整体。更可惜的是，有的方案整体构思很有特点，但由于某个不切主题的细部设计而显得画蛇添足。因此，单独一个实体要素不论设计得如何精彩，如果与环境整体不协调，也不能算是成功的。

方案的调整要考虑风景园林要素加入后对比产生的效果，首先对风景园林要素的特征和设计要点进行讲解。

（1）"地"的处理

"地"是风景园林空间的根本，不同的"地"体现了不同空间的使用特性。宽阔的草坪可供坐憩、游戏；空透的水面、成片种植的地被物可供观赏；硬质铺装、道路可疏散和引导人流。通过精心推敲的形式、图案、色彩和起伏可以获得丰富的环境，提高空间的质量。

①材料选择

用于"地"的材料很多，有混凝土、块石、缸砖等硬质的，也有草皮、低矮的灌木等软质的。另外，还有以视觉为主的，如水面、细碎石子和砂砾等。不同的材料在交通和视觉作用上各有特点，选择材料时可考虑下面一些因素：空间中地的使用性质，包括交通和视觉两方面；控制使用时，可用水面或行走不易的材料；表面有令人愉快的色彩、图案、质感；避免使用易产生噪声、反光和起灰尘的材料；较耐用、不易磨损的材料应该用于要求使用强度较高的地段；材料来源方便、养护容易、费用低。

②"地"的视觉效果

为了创造视觉层次丰富的空间，应把握住地的材料选择、平面形状、图案、色彩、质感、尺度、比例等。

构成地的材料不同，地面所具有的质感也不同。利用不同质感的材料之间的对比能形成材料变化的韵律节奏感。

设计中应考虑地面的图案、分格，尽量避免大面积单一地使用一种材料铺装地面。地面若用硬质材料，应注意地面的分格。若空间构成简洁，可结合空间的形状、色彩、风格，对地面做些精心安排，使空间稍有变化。

用预制块、条石、缸砖等尺寸和形状规则的材料铺装地面时，应拼合成具有一定质感和图案的平面。

屋顶或建筑天井等类似的低视面也可按地的处理方式设计，但应注重平面构图、图案的设计、色彩和质感的应用。对一些不上人的屋顶或建筑天井，不必过多地考虑使用功能，可以使用地面上不易使用的、以观赏为主的材料。例如日本铃木昌道设计事务所设计的日本某市喜来登大饭店门厅建筑屋顶上的"流水庭"就是以平面视觉构图为主，除了外侧两条一高一低的种植带以外，其余部分的图案均由不同颜色的细碎砂砾铺筑而成。

③限制性地面

地面若要使用，就应该平整、耐用。但是，有时有些地段并不希望大量地使用，但又必须使视线通透，或只希望行人使用，而不允许一般车辆驶入，这类地面可以根据具体情况加以特殊处理。

④地面高差处理

地面高差的处理手法是城镇景观艺术的一个重要部分。利用地面的高差可以简单而微妙地分隔一些不同性质的活动，改变地面的行走节奏、划分新的空间、创造场所感。

（2）植物材料

在风景园林设计中，植物是另一个极其重要的素材。在许多设计中，风景园林师主要是利用地形、植物和建筑来组织空间和解决问题的。植物除了能作为设计的构成因素外，它还能使环境充满生机和美感。下面将着重讨论植物在景观中的作用和与植物有关的因素，包括植物的功能作用、建造功能、观赏特性与限制空间功能以及美学功能。

现在，首先应认识植物的各种功能，并加以分门别类，才能有助于更好地了解植物和应用植物。一般植物在室外环境中能发挥三种主要功能：建造功能、环境功能及观赏功能。所谓建造功能指的是植物能在景观中充当像建筑物的地面、天花板、墙面等限制和组织空间的因素。这些因素影响和改变着人们视线的方向。在涉及植物的建造功能时，植物的大小、形态、封闭性、相通性也是重要的参考因素。环境功能是说，植物能影响空气的质量、防治水土流失、涵养水源、调节气候。观赏功能即是因植物的大小、形态、色彩和质地等特征，充当景观中的视线焦点，也就是说，植物因其外表特征而发挥其观赏功能。此外，在一个设计中，一株植物或一组植物，同时发挥至少两种的功能。

①从空间功能选择植物

植物的建造功能对风景园林的总体布局和风景园林空间的形成非常重要。在设计过程中，首先要研究的因素之一，便是植物的建造功能。它的建造功能在设计中确定以后，才考虑其观赏特性。从构成角度而言，植物是一个设计或一室外环境的空间围合物。然而，"建造功能"一词并非将植物的功能仅局限于机械的、人工的环境中。在自然环境中，植物同样能成功地发挥它的建造功能。下面将讨论植物建造功能的几个值得注意的方面。

第一，植物构成空间。植物可以用于空间中任何一个平面，在地平面上，以不同的高度和不同种类的地被植物或矮灌木来暗示空间的边界。在此情形中，植物虽不是以垂直面上的实体来限制着空间，但它确实在较低的水平面筑起了一道范围。

在垂直面上，植物能通过几种方式影响着空间感。首先，树干如同直立于外部空间中的支柱，它们多是以暗示的方式，而不仅是以实体限制着空间。其空间封闭程度随树干的大小、疏密以及种植形式而不同。树干越多，如像自然界的森林，那么空间围合感越强。植物的叶丛是影响空间围合的第二个因素。叶丛的疏密度和分枝的高度影响着空间的闭合感。阔叶或针叶越浓密、体积越大，其围合感越强烈。而落叶植物的封闭程度，随季节的变化而不同。在夏季，浓密树叶的树丛，能形成一个个闭合的空间，从而给人以内向的隔离感；而在冬季，同是一个空间则比夏季显得更大、更空旷，因植物落叶后，人们的视线能延伸到所限制的空间范围以外的地方。植物同样能限制、改变一个空间的顶平面。植物的枝叶犹如室外空间的天花板，限制了伸向天空的视线，并影响着垂直面上的尺度。当然，此间也存在着许多可变因素，例如季节、枝叶密度以及树木本身的种植形式。当树木树冠相互覆盖、遮蔽了阳光时，其顶面的封闭感最强烈。

第二，植物构成障景。植物的另一建造功能为障景。植物材料如直立的屏障，能控制人们的视线，将所需的美景收在眼里，而将俗物障之于视线以外。障景的效果依景观的要求而定，若使用不通透植物，能完全屏障视线通过，而使用不同程度的通透植物，则能达到漏景的效果。为了取得一有效的植物障景，风景园林师必须首先分析观赏者所在位置、被障物的高度、观赏者与被障物的距离以及地形等因素，所有这些因素都会影响所需植物屏障的高度、分布以及配置。就障景来说，较高的植物虽在某些景观中有效，但它并非占绝对的优势。因此，研究植物屏障各种变化的最佳方案，就是沿预定视线画出区域图，然后将水平视线长度和被障物高度准确地标在区域内。最后，风景园林师通过切割视线，就能定出屏障植物的高度和恰当的位置了。除此之外，另一需要考虑的因素是季节变化影响植物的障景作用，而常绿植物则较少受季节变化影响，能起到永久性屏障作用。

第三，控制私密性。与障景功能大致相似的作用，是控制私密的功能。私密性控制就是利用阻挡人们视线高度的植物，进行对明确的所限区域的围合。就是将空间与其环境完全隔离开。私密控制与障景二者间的区别，在于前者围合并分割一个独立的空间，从而封闭了所有出入空间的视线；而障景则是慎重种植植物屏障、有选择地屏障视线。私密空间杜绝任何在封闭空间内的自由穿行，而障景则允许在植物屏障内自由穿行。在进行私密场所或居民住宅的设计时，往往要考虑到私密控制。

②从观赏特性选择植物

植物种植设计的观赏特征是非常重要的。这是因为任何一个赏析者的第一印象便是对其外貌的反应。观赏植物的特性包括植物的大小、形态、色彩、质地等，在此将讨论运用植物材料进行风景园林设计。

植物最重要的观赏特性之一，就是它的大小。因此，在为设计选择植物素材时，应首先对其大小进行推敲，因植物的大小直接影响着空间范围、结构关系以及设计的构思与布局。按大小标准可将植物分为六类：大中型乔木、小乔木、高灌木、中灌木、矮小灌木、地被植物。一个布局中的植物大小和高度的巧妙安排，能使整个布局显示出统一性和多样性。另一方面，若将植物的高度有所变化，能使整个布局丰富多彩，远处看去，其植物高低错落有致，要比植物在其他视觉上的变化特征更明显（除了色彩的差异外）。因此，种植设计创作中植物大小的选择应该首先考虑植物大小的观赏特性；植物的其他特性，都是依照已定的植物大小来加以选用。

单株或群体植物的外形，是指植物从整体形态与生长习性来考虑大致的外部轮廓。虽然它的观赏特性不如其大小特征明显，但是它在植物的构图和布局上，影响着统一性和多样性。

植物的色彩在风景园林空间设计中能发挥众多的功能。常认为植物的色彩足以影响设计的多样性、统一性以及空间的情调和感受，植物色彩与其他植物视觉特点一样，可以相互配合运用，以达到设计的目的。

植物的质地，是指单株植物或群体植物直观的粗糙感和光滑感。它受植物叶片的大小、枝条的长短、树皮的外形、植物的综合生长习性，以及观赏植物的距离等因素的影响。

我们可以看到，植物是风景园林设计和室外环境布置的基本要素。植物不仅是装饰因素，它还具有许多重要的作用，例如构成室外空间、障景或框景、改变空气质量、稳定土壤、改善小气候和补充能源消耗，以及在室外空间设计中作为布局元素。植物应在设计程序的初期，作为综合要素与地形、建筑、铺地材料以及园址构筑物一同加以分析研究，它们的大小、形体、色彩及质地被当作可变的模式，以满足设计的实用性和观赏效果。

总之，鉴于植物能给室外环境带来生气和活力，因此应将其作为设计的有机体，而加以认真考虑。

（3）建筑物及构筑物

作为景观中两个主要因素之一的建筑物及其相关的地面，在户外环境的组合与特征方面是至关重要的。建筑群体可以构成从小型庭院到较壮观的城市广场等不同的户外空间。主要由建筑物所构成的户外空间，其确切的特征除取决于建筑物的大小和尺度外，还取决于其平面布局。在限制户外空间的构架工程中，应力求做到利用恰当的地形处理、同一材料的反复使用、建筑物的平面布局以及建筑物入口的过渡空间等方法，从视觉上和功能上将建筑物与其周围环境协调地连接在一起。

在风景园林空间中，若仅使用地形、植物、建筑以及各种铺装等要素，并不能完全满足景观设计所需要的全部视觉和功能要求。一个合格的风景园林师还应知道如何使用其他有形的设计要素，例如园林基本构筑物。所谓园林构筑物是指景观中那些具有三维空间的构筑要素，这些构筑物能在由地形、植物以及建筑物等共同构成的较大空间范围内，完成特殊的功能。园林构筑物在外部环境中一般具有坚硬性、稳定性，以及相对长久性。园林构筑物主要包括踏跺（台阶）、坡道、墙、栅栏以及公共休息设施。此外，阳台、顶棚或遮阳棚、平台以及小型建筑物等也属于园林构筑物，但在此不予讨论。从以上所列举的种种构筑物可以看出，园林构筑物属于小型"建筑"要素，它们具有不同特性和用途。

①台阶

台阶在景观中适用于两个区域之间的坡度变化，可以用各种不同的材料来建造，这样使它们在视觉上可以适应于任何场所。石头、砖块、混凝土、水材、枕木，甚至于经适当处理的碎石，只要边缘稳固，都可以作为台阶的材料。台阶除了适应坡度变化外，它们还能在景观中发挥其他的作用。

台阶还具有以暗示的方式，而不是实际有形封闭的方式，分割出外部空间的界线的作用；以及转换空间的作用，为相邻空间提供缓慢而明显的转变。

从美学的角度来看，台阶在风景园林景观中还有一些美学功能。其一，是台阶可以在道路的尽头充当焦点物或醒目的物体，引导和引人注目。其二，它们能在外部空间中构成醒目的地平线。这些线条由于具有水平特性，因而能有效地建立起稳定性，或重复变化线条形成抽象的形状，产生视觉的魅力。

在景观中，台阶还有一个潜在的用途。那就是作为正式的休息处，台阶的这一用途在那些繁华的公共行人区，或市区多用途空间中，而且休息场所如长椅又极其有限的情况下，尤其有效。

另外，人们喜欢观察他人的活动。因此，只要台阶设置得当，它就会成为观众的露天看台。

②坡道

坡道是使行人在地面上进行高度变化的第二种重要方法。坡道与台阶相比具有一个重要的优点，那就是坡道面几乎容许各种行人自由穿行于景观中。在"无障碍"区域的设计中，坡道乃是必不可少的因素。

一般说来，坡道应尽可能地设置在主要活动路线上，使得行人不必离开坡道而能达到目的地。最后还应提到，坡道的位置和布局应尽早地在设计中决定，这是因为我们需要将它与设计中的其他要素相互配合，否则坡道会显得格格不入。总之，坡道应在总体布局中成为非常协调的要素。将坡道与台阶结合起来乃是一种创新的设计方法。这种方法在温哥华罗布森广场的实例中可以说明这一点。

③墙与栅栏

应用于外部环境中的另一种现场构筑形式便是墙体和栅栏。这两种形式都能在景观中构成坚硬的建筑垂直面，并且有许多作用和视觉功能。墙体一般是由石头、砖或水泥建造而成。它可以分为两类，独立墙和挡土墙。独立墙是单独存在，与其他要素几乎毫无联系，而作为挡土墙来说，是在斜坡或一堆土方的底部，抵挡泥土的崩散。这两种墙在景观中的各种功能，在下面将讨论。栅栏可以由木材或金属材料构成，栅栏比墙薄而轻。不论是墙还是栅栏都有不同作用。

独立式墙体和栅栏可以在垂直面上制约和封闭空间。至于说它们对空间的制约和封闭程度，取决于它们的高度、材料和其他。也就是说，墙体和栅栏越坚实、越高，则空间封闭感越强烈。

屏障视线：限制空间的墙体和栅栏也能对出入于空间的视线产生影响。一方面，我们可以使用墙和栅栏将视线加以完全封闭；另一方面，也可以不同程度的封闭或不封闭。由此可见，墙和栅栏的设计和布局取决于所需要的效果。

分隔功能：与其构成空间和屏障视线作用密切相关的另一个作用，是墙和栅栏能将相邻的空间彼此隔离开。

④座椅

座椅、长凳、墙体、草坪或其他可供人休息就座的设施，是园林构成的另一要素。它们可以直接影响室外空间游人的舒适和愉快感。室外座位的主要目的是提供一个干净又稳固的地方供人就座。此外，座位也提供人或人们休息、等候、谈天、观赏、看书或用餐的场所。

从观赏和美学观点来看，座椅设施应该成为经过周密思考的总设计中不可分割的要素。也就是说，座椅设施的设计、位置以及布置形式与其他要素一道，应受到与其他因素一样的重视。座椅设施必须与其他要素和形状相互协调，这样才能与之融为一体。例如，有曲线的座椅就应安放于曲线的环境设计中，有折角的座椅就应安放在转角处。当然，这样的设计方式造价较高，这是因为它们需要根据现场的特定要求而特制座椅。为了使座椅设施与其他设计因素组合起来，最好是将座椅设施做成环绕此空间的矮墙。

景观中的座椅可用多种材料建造。因为木质比较暖和、轻便，并且来源容易。石头、砖以及水泥也用于座面材料，不过暴晒后座面会烫人，难以就座。而在冬季又冷冰冰，令人难以忍受。再则，如果石头、砖及水泥铺砌不当，座面在雨后就不能及时干燥。以上所述材料均可以多种形式为所需要的设计内容和特性服务。

台阶、坡道、墙、栅栏以及座椅等要素，均能增加室外环境的空间特性和价值。在较大的、较显著的要素如地形、植物和建筑的关系对比上，园林构筑物可算是规模较小的设计要素。它们主要被用以增加和完善室外环境中细节处理方面。台阶和坡道便于两个不同高度面的运动，墙体和栅栏则为分割空间和空间结构提供方便。而座椅则为游人休息和观赏提供方便，从而使室外空间更人性化，对景观设施明智的使用，会使景观更具吸引力，更易满足人们的需求。

（4）水

水的特性是其本身的形体和变化依赖于外在因素。这就是说，风景园林师首先要决定水在设计中对景观空间的功能作用，其次再分析以什么形式和手法才适合这种功能。故在设计时，应首先研究容体的大小、高度和容体底部的坡度。还有些不能加以控制的因素，如阳光、风和温度，它们都能影响水体的观赏效果。平静的水在室外环境中能起到倒映景物的作用，一平如镜的水使环境产生安宁和沉静感，流动的水则表现环境的活泼和充满生机感，而喷泉犹如一惊叹号，强调着景观焦点。运用水的这些特性，能使风景园林景观增加活力与乐趣。

用单位做方案的说明，而不再进行修改。

方案调整时的图纸应包括：

①所有组成部分和区域所采用的材料（建筑的、植物的），包括它们的色彩、质地和图案（如铺地材料所形成的图案）。

②各个组成部分所栽种的植物，要绘出它们成熟期的图像（如乔木、灌木、地被植物等），这样，就要考虑和研究植物的尺寸、形态、色彩、肌理。

③三度空间设计的质量和效果，如树冠群、棚架、高格架、篱笆、围墙和土丘等组成部分的适宜位置、高度和形式。也就是说，所有设计组成部分彼此间的相对高度应加以考虑。

④室外设施如椅凳、盆景、塑像、水景、饰石等组成部的尺度、外观和配置。

（二）方案的深入

方案的深入是对调整方案的精细加工。在这一步骤中，设计者要把从使用单位那里得到的对初步方案的反映，再重新加以研究、加工、补充完善，或对方案的某些部分进行修改。由于这一变化，设计者要重新绘制修改后的、经得起推敲的正式总平面图。初步方案图与总平面图之间的主要区别之一是，除对设计进行必要的修改之外，就是图示的格式不同。初步方案的绘制较为粗略，采用清楚的草图格式，而总平面图是按更为正式的标准绘图，不是全部徒手画，而是在总平面的某些部分（如基地界线、住宅建筑及其附近的边界线等），采用三角板、丁字尺画轮廓，其他组成部分（如植物等）仍然采用徒手画成。通常，绘制正式总平面图较之绘制初步总平面布置所花费的时间多。由于绘制总平面图要求更多的时间，很多设计者选择与初步总平面布置图相似的作图格式来绘制总平面图，以节约时间和精力。

（三）方案的对比

对于同样的场地条件，在合理解决地块基础分析、场地功能要求、场地建设现状等条件下，根据设计者的构思、反映的风格、业主的需求等，可以形成不同的设计方案，用以对比，找出最优化的场地使用模式。

第三节　风景园林表现技法

一、线条图

线条图是用单线勾勒出景物的轮廓和结构，方法简便，易于掌握。线条练习是风景园林设计制图的一项重要基本功。

在现场调查作图记录，搜集图面资料，探讨构思、推敲方案时，常需要借助于徒手线条图。此外，风景园林设计图中的地形、植物和水体等自然要素也往往需要以徒手线条的形式来描绘。

各门类设计最终定稿的方案，都要绘制正规、整齐、严谨的设计图纸。尤其是景观造型、建筑造型的平、立、剖面图，必须以绘图仪器、尺规画出标准线条。

（一）工具线条图

用尺、规和曲线板等绘图工具绘制的，以线条特征为主的工整图样称为工具线条图。工具线条图的绘制是风景园林设计制图最基本的技能。绘制工具线条图首先由临摹范图开始，在临摹的过程中，应熟悉和掌握作图的过程，制图工具的用法，纸张的性能，线条的类型、等级、所代表的意义及线条的交接。

工具线条应粗细均匀、光滑整洁、边缘挺括、交接清楚。作墨线工具线条时只考虑线条的等级变化；作铅线工具线条时除了考虑线条的等级变化外，还应考虑铅芯的浓淡，使图面线条对比分明。通常剖断线最粗最浓，形体外轮廓线次之，主要特征的线条较粗较浓，次要内容的线条较细较淡。

画粗线条时，通常应先起稿线，以稿线为中心线作出粗线的两条边线，然后再加粗加深。而不应以稿线作为粗线边线，只有当稿线离得过近时才可将稿线作为边线向外侧作粗线。

作工具线条图时，可参考下面的作图步骤进行：

①应准确无误地绘制底稿，起稿时常用较硬的铅笔（H—3H），作图宜轻不宜重。若直接在描图纸上起稿，则用 2H—5H 的铅笔为宜。

②作铅笔工具线条图时应按由浅至深的顺序作图，以免尺面移动时弄脏图面；作墨线工具线条图时应先作细线后作粗线，因为细线容易干，不影响作图进度。

③同一等级的直线线条，应从上至下、从左至右依次绘制完毕。

④曲线与直线连接时，应先作曲线，后作直线。

另外，作图时应姿势端正、光线良好、思想集中，尽量减少擦改次数，使线条肯定、明确，保证图面质量。

（二）徒手线条图

徒手线条图是不借助尺规工具用笔手绘各种线条，"得心应手"地将所需要表达的形象随手勾出。运笔流畅，画直线要笔直；曲线婉转自然；长线贯通；密集平行线密而不乱；描绘形象能准确地勾画在正确的位置上。

学画徒手线条图可从简单的直线练习开始。在练习中应注意运笔速度、方向和支撑点以及用笔力量。运笔速度应保持均匀，宜慢不宜快，停顿干脆。运笔力量应适中，保持平稳。基本运笔方向为从左至右、从上至下。通过简单的直线线条练习掌握徒手线条绘制要领之后，就可以进一步进行直线线条及线段的排列、交叉和叠加的练习。在这些练习中要尽量保证整体排列和叠加的块面均匀，不必担心局部的小失误。除此之外，还需要进行各种波形和微微抖动的直线线条练习，各种类型的徒手曲线线条及其排列和组合的练习，不规则折线或曲线等乱线的徒手练习以及点、圈、圆的徒手练习等，因为它们也是徒手线条图中最常用的。

初学者要想作出流畅与漂亮的徒手线条，就应尽可能地利用每天的闲暇及零碎的时间进行大量练习。只有通过这种所谓的"练手"才能熟练地掌握手中的笔，做到运用自如。

二、水墨渲染图

水墨渲染是用水来调和墨，在图纸上逐层染色，通过墨的浓、淡，深、浅来表现对象的形体、光影和质感。水墨渲染作为无彩色的渲染技法不可能以单色水彩来代替。排除色彩因素的干扰对光照效果分析是十分必要的。

(一) 水墨渲染的准备工作

1. 选择渲染用纸和裱纸

水墨渲染要求高。由于水墨渲染用水多并反复擦洗，其用纸应采用质地较韧、纸面纹理较细而又有一定吸水能力的图纸。纸的表面不宜光滑，也不宜过分粗糙。一般用水彩纸即可，并要用细腻的一面。

由于渲染需要在纸面上大面积地涂水，会导致纸张遇湿膨胀、纸面凹凸不平，所以渲染图纸必须裱糊在图板上方能绘制。常用的裱纸方法有折边裱纸法和快速裱纸法。

①沿纸面四周折边约 1.5cm，折向是图纸正面向上，注意勿使折线过重造成纸面破裂。

②使用干净排笔或大号毛笔蘸清水将图面折纸内均匀涂抹，注意勿使纸面起毛受损。

③用湿毛巾平敷图面保持湿润，同时在折边四周抹上一层薄而又均匀的糨糊。

④按图示序列对称用力，先中心再边角固定纸边，注意用力不可过猛。

在图纸裱糊齐整后，用排笔继续轻抹折边内图面使其保持一定时间的润湿，并吸掉可能产生的水洼中的存水；或在图纸的中心放一小块湿毛巾，待四边干透再去掉，将图板平放阴干图纸。

2. 墨和滤墨

水墨渲染宜用国产墨锭，最好是徽墨，一般墨汁、墨膏因颗粒大或油分多均不适用。墨锭在砚内用净水磨浓，然后将砚垫高，用一段棉线或棉花条用净水浸湿，一端伸向砚内，一端悬于小碟上方，利用毛细作用使墨汁过滤后滴入碟内。滤好的墨可贮入小瓶内备用，但须密闭置于阴凉处，而且存放时间不能过长，以免沉淀或干涸。

3. 毛笔和海绵

渲染须备毛笔数支。使用前应将笔化开、洗净；使用时要注意放置，不要弄伤笔毛；用后要洗净余墨，甩掉水分套入笔筒内保管。切勿用开水烫笔，以防笔毛散落脱胶。此外还要准备一块海绵，渲染时做必要的擦洗、修改之用。

4. 图面保护和下板

渲染图往往不能一次连续完成。告一段落时，必须等图面晾干后用干净纸张蒙盖图面，避免沾落灰尘。

图面完成以后要等图纸完全干燥后才能下板，要用锋利的小刀沿着裱纸折纸以内的图边切割。为避免纸张骤然收缩扯坏图纸，应按切口顺序依次切割，最后取下图纸。

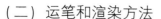

（二）运笔和渲染方法

1. 运笔方法大体有三种：

（1）水平运笔法

用大号笔作水平移动，适宜作大片渲染，如天空、地面、大块墙面等。

（2）垂直运笔法

宜作小面积渲染，特别是垂直长条；上下运笔一次的距离不能过长，以避免上墨不均匀，同一排中运笔的长短要大体相等，防止过长的笔道使墨水急骤下淌。

（3）环形运笔法

常用于退晕渲染，环形运笔时笔触能起搅拌作用，使后加的墨水与已涂上的墨水能不断地均匀调和，从而使图面有柔和的渐变效果。

2. 大面积渲染方法

（1）平涂法

表现受光均匀的平面。在大面积的底子上均匀地涂布水墨。要使平涂色均匀，首先要把颜料一次调足，要稀稠合适，然后要尽量使用大些的笔（涂大面积可使用板刷）有秩序地涂抹，用力要均匀，使笔画衔接不留痕迹。

（2）退晕法

表现受光强度不均匀的面或曲面，如天空、地面、水面的远近变化以及屋顶、墙面的光影变化；做法可由深到浅或由浅到深。

（3）叠加法

表现需要细致、工整刻画的曲面，如圆柱；事先将画面按明暗光影分条，用同一浓淡的墨水平涂，分格逐层叠加。

（三）光影分析和光影变化的渲染

（1）光线的构成及其在画面上的表示，建筑画上的光线定为上斜向45°，而反光为下斜向45°。

（2）光影变化物体受直射光线照射后分别产生受光面、阴面、高光、明暗交界线以及反光和反影。

（3）光影分析及其渲染要领。

①面的相对明度。建筑物上各个方向的面，由于其承受左上方45°光线的方向不同而产生不同的明暗，它们之间的差别叫相对明度。

②反光和反影。建筑物除承受日光等直射光线外，还承受这种光线经由地面或建筑邻近部位的反射光线。

③高光和反高光。高光是指建筑物上各几何形体承受光线最强的部位，它在球体中表现为一块小的曲面，在圆柱体中是一条窄条，在方体中是迎光的水平和垂直两个面的棱边。

正立面中的高光表示，在凸起部分的左棱和上棱边，但处于影内的棱边无高光。反高光则在右棱和下棱边，处于反影内也无反高光。

高光和反高光，如同阴影一样，在绘制铅笔底稿时就要留出它的部位。渲染时，高光一般都不着色；反高光较高光要暗些，故在渲染阴影部分逐层进行一两遍后，也要留出其部位再继续渲染。

④圆柱体的光影分析和渲染要领。在平面图上等分半圆，由 45°直射光线可以分析各小段的相对明度，它们是：

a. 高光部位，渲染时留空。

b. 最亮部位，渲染时着色 1 遍。

c. 次亮部位，渲染时着色 2~3 遍。

d. 中间色部位，渲染时着色 4~5 遍。

e. 明暗交界线部位，渲染时着色 6 遍。

f. 阴影和反光部位，阴影 5 遍，反光 1~3 遍。

等分得越细，各部位的相对明度差别也就更加细微，柱子的光影转折也就更为柔和。分格渲染时，它的边缘可用干净毛笔蘸清水轻洗，使分格处有较为光滑的过渡。

⑤檐部半圆线脚的渲染。它相当于水平放置的 1/4 半圆柱体，可仿照圆柱体的光影分析和渲染方法进行。但应考虑到地面和其他线脚的反光，一般较圆柱体要稍微亮些。

（4）渲染步骤

在裱好的图纸上作完底稿后，先用清水将图面轻洗一遍，干后即可着手渲染。一般有分大面、做形体、细刻画、求统一等几个步骤。

为了在渲染过程中能对整个画面素描关系心中有底，也可以事先做一张小样，它主要是总体效果——色调、背景、主体、阴影，几大部分的光影明暗关系，而细部推敲则可从略。小样的大小视正式图而定，可以做成水墨的，也可以用铅笔或炭笔做成渲染效果。

下面分别概述各渲染步骤的要求，以某个建筑局部的渲染过程效果为例。

①分大面

a. 区分建筑实体和背景。

b. 区分实体中前后距离较大的几个平面，注意留出高光。

c. 区分受光面和阴影面。

这一步骤主要是区分空间层次，重在整体关系。由于还有以下几个步骤，所以不宜做到足够的深度，例如背景，即使要做深的天空，至多也只能渲染到六七分程度，待实体渲染得比较充分以后，再行加深。这是留有相互比较和调整的余地的做法。

②做形体

在建筑实体上做各主要部分的形体，它们的光影变化，受光面和阴影面的比较。无论是受光面还是阴影面，都不要做到足够深度，只求形体能粗略表现出来就可以了，特别是不能把亮面和次亮面做深。

③细刻画

a. 刻画受光面的亮面、次亮面和中间色调，并要求做出材料的质感。

b. 刻画圆柱、檐下弧形线脚、柱础部分的圆盘等曲面体，注意做出高光、反光、明暗交界线。

c. 刻画阴影面，区分阴面和影，注意反光的影响，注意留出反高光。

④求统一

由于各部分经过深入刻画，渲染的最后步骤要从画面整体上给明暗深浅以统一和协调。

a. 统一建筑实体和背景，可能要加深背景。

b. 统一各个阴影面，例如处于受光面强烈处而又位置靠前的明暗对比要加强，反之则要减弱；靠近地面的由于地面反光阴影要适当减弱，反之则要加强，等等。

c. 统一受光面，位于画面重点处要相对亮些，反之要暗一些。

d. 突出画面重点，用略为夸张的明暗对比、可能有的反影、模糊画面其他部分等方法来达到这一目的；它属于渲染的最后阶段，又称画龙点睛。

e. 如果有树木山石、邻近建筑等衬景，也宜在最后阶段完成，以衬托建筑主体。

三、水彩渲染图

以均匀的运笔表现均匀的着色是水彩渲染的基本特征。无论是"平涂"还是"退晕"，所画出的色彩都均匀而无笔触，加上水彩颜料是透明色，使得这种方法特别适合运用在设计图中。没有笔触、均匀而透明的色彩附着在墨线图上，各种精细准确的墨线依然清晰可见，墨线与色彩互相衬托，有相得益彰的效果。

水彩渲染可以反复叠加。叠加后的色彩显得沉着，有厚重感，能够表现复杂的色彩层次。在表现图中有时水彩渲染与水彩画结合，对所描绘的形象进行深入细致的刻画，作为"建筑画"的一种表现技法，水彩渲染有着独特的艺术魅力。

（一）工具和辅助工作

水彩渲染也须裱纸，方法同水墨渲染。水彩渲染的用纸要选择，表面光滑不吸水或者吸水性很强的纸都不宜采用。还应备有大中小号水彩画笔或普通毛笔，以及调色碟、洗笔和贮放清水的杯子。

1. 小样和底稿

水彩渲染一般都应就创作内容先拟定小的色彩稿，对色调、主体与环境的色彩关系、色彩层次等进行构思与设定。初学者往往心中无底，以致在正式图上改来改去。因此，小样是必须先做的。有时还可做几个小样进行比较，从中选优。

由于水彩颜料有一定透明度，所以水彩渲染正式图的底稿必须清晰。作底稿的铅笔常用 H、HB，过软的铅笔因石墨较多易污画面，过硬的铅笔又容易划裂纸面造成绷裂。渲染完成以后，可用较硬的铅笔沿主要轮廓线或某些分割（水泥块、地面分块等）再细心加一道线。这样，画面更显得清晰醒目。

2. 颜料

一般宜用水彩画颜料，透明度高。渲染过程中要调配足够的颜料。用过的干结颜料因有颗粒而不能再用。此外，颜料的下述特性应当引起我们注意：

（1）沉淀

赭石、群青、土红、土黄等在渲染中易沉淀。作大面积渲染时要掌握好它们和水的多少、渲染的速度、运笔的轻重、颜料配水量的均匀，并不时轻轻搅动配好的颜料，以免造成着色后的沉淀不均匀和颗粒大小不一致。掌握颜料沉淀的特性还能获得某些特殊效果，如利用它来表现材料的粗糙表面等。

（2）透明

柠檬黄、普蓝、西洋红等颜料透明度高，而易沉淀的颜料透明度低。在逐层叠加渲染时，宜先着透明色，后着不透明色；先着无沉淀色，后着有沉淀色；先浅色，后深色；先暖色，后冷色，以避免画面晦暗呆滞，或后加的色彩冲掉原来的底色。

（3）调配

颜料的不同调配方式可以达到不同的效果。如红、蓝二色先后叠加上色和二者混合后上色的效果就不同。一般说来，调和色叠加上色，色彩易鲜艳；对比色叠加上色，色彩易灰暗。

3. 擦洗

颜料能被清水擦洗，这有助于我们做必要的修改；也能利用擦洗达到特殊的效果，如洗出云彩，洗出倒影。一般用毛笔蘸清水擦洗即可，但要避免擦伤纸面。

(二) 运笔和渲染方法

水彩渲染的运笔和渲染方法基本上同水墨渲染。运笔时从左至右一层一层地顺序往下画，每层 2~3 cm，运笔轨迹如成螺旋状，能起到搅匀颜色的作用。应减少笔尖与纸面的摩擦，一层画完用笔尖拖到下一层，全部面积画完以后会形成从上而下均匀的干燥过程，没有笔触，光润且均匀。

渲染方法：

1. 平涂

依照运笔方法，整个图面一气呵成。画完最后一层时最上层应仍处于潮湿状态。运笔过程中，只能前进不可后退，发现前面有毛病，则要等该遍全部画完干燥后，再进行洗图处理重新再画。

洗图的办法是先将色块四周用扁刷刷湿，再刷湿色块部分，避免先刷色块形成掉色沾在白纸上。然后再用海绵或毛笔擦洗，用力不可重，不要伤及纸面。洗图只是弥补小的毛病，出现较大的问题只能重画。

2. 退晕

退晕可以从深到浅、从冷到暖。一般用三个小玻璃杯分别调出深、中、浅三种颜色。深浅退晕时将浅色部位朝上，如表现蓝天效果从浅蓝到深蓝。分层运笔时第一层画浅蓝，然后蘸一笔中蓝色，在浅蓝杯中搅和后画第二层，再蘸入一笔中蓝色画第三层，至中间部位的层次时，浅蓝色杯内已成中蓝色，重复这样的方法将深蓝色蘸入直到底层。整个色块干燥后会形成均匀的色彩过渡。

冷暖退晕可以先画冷色的深浅退晕，干后反方向再画暖色的深浅退晕，冷暖色叠加，形成从冷到暖的自然过渡。

3. 叠加

如果要表现很深的蓝，必须反复叠加，干一遍画一遍，直到预想的程度。有时要画上5~10遍，每一遍画完可用吹风机吹干。

（三）水彩渲染步骤

1. 定基调、铺底色

主要是确定画面的总体色调和各个主要部分的底色。如天空、屋顶、墙面等大面积的色彩可以反映画面的总体气氛。任何作画过程都应遵循从整体到局部的过程，在渲染大面积色彩时，将主要形象的大的体面关系及整个图面的近中远层次表现出来。

有时表现色调非常统一的画面可将该色调的淡色平涂上一层作为底色。

2. 分层次、作体积

这一部分主要是渲染光影，光影做得好，层次拉得开，体积出得来。通过色彩深浅、冷暖、纯度的变化，可表现出景物远近的距离感。

阴影最能表现画面层次和衬托体积，是突出画面的重要因素。阴影的渲染一般均采用上浅下深、上暖下冷的变化，这样做是为了反映出地面的反光，同时也使得阴影部分与受光部分的交界处明暗对比更为强烈，增加画面的光线感。如果被阴影所覆盖的是不同颜色或质地的材料，要特别注意它们之间的衔接以及整体的统一性，因为它们都是在同一光线照射下的结果。一般可以先上一两遍偏暖或偏冷的浅灰色，然后再按各自的颜色进行渲染。

3. 细刻画、求统一

在上一步骤的基础上，对画面表现的空间层次、材料质感和光影变化做深入细致的描写。此时应注意掌握分寸，深浅适度，切不可因过分强调细部而失之于凌乱琐碎。同时对前面所完成的步骤也应进行全面的调整，包括色彩的冷暖、光线的明暗、阴影的深浅等，以求得画面的统一。

4. 画衬景、托主体

最后画衬景。画面上需要做出衬景，如云层、远山、人物、汽车等以衬托景观主体。这些都应和所画的景观主体融合成一个环境整体，切忌喧宾夺主。因此，衬景的渲染色彩要简洁，形象要简练，用笔不宜过碎，尽可能一遍画成。

（四）建筑局部水彩渲染技法要领

局部渲染是在区分了大面以后进行深入刻画的必要过程，此时要注意局部与整体的统一。下面就常见的一些局部，分别介绍其渲染的技法要领：

1. 砖墙面

较小尺度的清水砖墙面渲染方法有两种：一是墙面平涂或退晕着上底色后，用铅笔打上横向砖缝；二是使用鸭嘴笔以墙面色调作水平线，线与线之间的缝隙相当于水平砖缝。

这种画法要注意线条所表现的砖的宽度，符合尺度；线条中可间有停断，效果更生动一些。有些尺度很小的清水砖墙则可做整片渲染，不留砖缝。

尺度较大的砖墙画法是，事先打好砖缝的铅笔稿，第一步淡淡地涂一层底色；留下高光后第二步平涂或退晕着色；第三步，挑少量砖块做一些变化，表示砖块深浅不同，画面更为丰富些。

2. 抹灰墙面

一般作略带退晕（表示光影透视或周围环境的反光）的整片渲染；较粗糙的面还可以用铅笔打一些点子。凡有分块的墙面，也可挑出少部分做些变化。如果尺度较大，分块的边棱要留出高光，并要做出缝影。

3. 瓦屋顶坡面

水泥瓦、陶瓦、石板瓦屋顶坡面的渲染步骤大体相同，即第一步上底色，并根据总体色调和光影要求做出退晕，表现出坡度；第二步做瓦缝的水平阴影，如果有邻近建筑或树的影子落在瓦面上，则宜斜向运笔借以表现屋顶的坡度；第三步挑出少量瓦块做些变化。

4. 玻璃门窗

一般来说，玻璃门窗在色彩上属冷色调，在建筑墙面上属于"虚"的部分，在材料质感上光滑透明。因而它与墙面、屋顶形成冷暖、虚实、体量轻重、表面平滑和粗糙等多方面的对比。因此，玻璃门窗渲染好了，建筑的整体大效果就基本上表现出来了。

玻璃的色调通常选择蓝紫、蓝绿、蓝灰等蓝色调，宜用透明色，忌用易沉淀的颜料。渲染的步骤是：

①做底色，如门窗框较深，可在门窗洞的范围内做整片渲染。

②做玻璃上光影。

③做玻璃上光影变化。

④做门窗框。

⑤做门窗框上的阴影。

5. 虎皮石墙面

它的渲染比较简单。用铅笔做好底稿后平涂一层淡底色，然后在统一的色调下将各块碎石作多种微小变化，逐一填色，再做出石块的棱影。

四、钢笔徒手画

钢笔画是用同一粗细或略有粗细变化、同样深浅的钢笔线条加以叠加组合，来表现景观及其环境的形体轮廓、空间层次、光影变化和材料质感。钢笔徒手画是不借助尺规等工具用钢笔作画，依靠笔尖的性能画出粗细不同的线条。钢笔画一般都用黑色墨水，白纸黑线，黑白分明，表现效果强烈而生动。钢笔画用笔有普通钢笔、美工笔、针管笔、蘸水钢笔，有些与钢笔性能相近的硬笔所画出的画也列在钢笔画的范围，如塑料水笔、签字笔、马克笔、鹅毛笔等。设计图中很多平面与立面的表现要靠钢笔画来完成，钢笔画与在钢笔画基础上着色的淡彩是常用的表现图的画法。此外，钢笔画广泛应用在速写记录形象、搜集资料、勾画草图、完成快题设计等方面，成为从事设计工作不可欠缺的基本技能。

（一）钢笔徒手线条图

学习钢笔画从临摹入手，以最简单的徒手线条练习开始，循序渐进地掌握专业所需要的各种描绘方法。

1. 钢笔徒手线条的技法要领

①运笔要放松，一次一条线，切忌分小段往复描绘。

②过长的线可断开，分段再画。

③宁可局部小弯，但求整体大直。

④轮廓、转折等处可加粗强调。

2. 钢笔徒手线条的组合

各种线条的组合和排列产生不同的效果，其原因是线条方向造成的方向感和线条组合后残留的小块白色底面给人以丰富的视觉印象。因此，在钢笔画中可以选择它们表现园林景观的明暗光影和材料质感。

由于线条的曲直、长短、方向、组合的疏密、叠加的方式都各不相同，因而它们的排列组合有着千变万化的形式。这说明钢笔线条虽然只有一种粗细、一种深度，但却很有表现力。

3. 钢笔徒手线条的明暗和质感表现

钢笔徒手线条的明暗和质感表现用点、线或小圈等元素的组合或叠加，可以表现光影效果。根据光影的变化程度来组织这些元素的疏密。

用钢笔线条表现不同材料的表面特征和质地。如草地宜选连续的细曲线，平坦的表面宜选直线，石块或抹灰墙面宜选直线或散点等。

（二）用钢笔线条表现衬景——树木、山石、花草、人物和汽车

1. 树木画法

用钢笔画树，除了必须准确地掌握树木的造型特点，还要使线条与树木的特征相协

调。例如，针叶树（松柏）可用线段排列表现树叶，而阔叶树则可用成片成块的面来表现树叶。需要注意的是，不论何种树木，其画法应该和建筑主体的画法相统一。

①远景树。无须区分枝叶乃至树干，只需做出轮廓剪影；整个树丛可上深下浅、上实下虚，以表示大地的空气层所造成的深远感。

②近景树。应比较细致地描绘树枝和树叶，特别是树叶的画法，各个树种有明显的不同。

③树木的程式化。画法很多，在建筑画中用得也很广。由于它简练而又有图案式的表现，更需要选择合适的线条及其组合，以表现夸张了的树木造型。

2. 山石画法

远山无山脚，这是因为大气层的缘故。用钢笔线条表现远山，要抓住山势的起伏，抓住大的轮廓。

园林中的湖石、卵石，表面圆润，钢笔表现多用曲线线条；黄石、斧劈石等，线条刚直、棱角分明，钢笔表现多为直线、折线；叠石通常大、小石穿插以表现层次感，线条的转折要流畅有力。

3. 花草、人物和汽车画法

在表现图中，花草、人物、汽车等是细节刻画，经常起到画龙点睛的作用。花草使画面生动，人物、汽车可以衬托环境氛围，表现这些细节适宜进行精致的描绘。

（三）钢笔徒手画表现方法

钢笔徒手画有多种表现方法，有以勾勒轮廓为基本造型手段的"白描"画法；有表现光影，塑造体量空间的明暗画法；以及两种画法相兼的综合画法。

1. 白描画法

钢笔画中白描画法秉承了中国绘画的传统，得到了较为广泛的运用。尤其是与设计方案相关的钢笔画，需要表现严谨的形象，正确的比例、尺度甚至是尺寸，需要交代清楚很多局部、细节，因而更适合白描画法。白描画法也可以表现空间感，如利用勾线的疏密变化，在形象的转折部位与明暗交接的部位使线条密集；在画面的次要部位适当地省略形成空白；主体形象勾画粗一些的线条，远处的形象勾画细一些的线条等。以这些虚实、强弱的处理产生一种空间感，使画面生动。

2. 明暗画法

明暗画法细腻、层次丰富，光影的变化使形象立体、空间感强，因而具有真情实景的感觉，适合于描绘表现图。明暗画法要处理好明暗线条与轮廓线条之间的关系，要求具备较强的绘画基本功。

此外有大量运用尺规表现建筑造型的钢笔画，这类钢笔画中同样有偏于白描与偏于明暗的区别。

五、钢笔淡彩

钢笔淡彩是风景园林表现图的基本技法之一，从水彩渲染和钢笔画派生出来，是钢笔画与水彩渲染、马克笔、彩色铅笔等色彩画结合的画法，广泛地应用于设计图以及设计表现图。由于水彩渲染透明性强，又能进行细致深入的刻画，以水彩渲染和钢笔画相结合的钢笔淡彩最为普遍。

（一）钢笔淡彩表现图的特征

①钢笔淡彩表现图不单纯是钢笔画加淡彩，钢笔画阶段即考虑着色的效果，给渲染留有余地。

②突出画面的色调，着重整体气氛的表现。

③为打破淡彩画的单调，应格外强调画面的层次感，近景、中景、远景三大层次分明。一般的构图，主体形象作为中景的居多，中景色彩的对比变化丰富。近景概括而浓重，略有细节的处理。远景以虚为主，色彩浅淡。

④钢笔淡彩无论怎样深入渲染色彩，都应保持钢笔线条清晰可见。

⑤由于钢笔墨线大量出现在画面上，总体的色彩格调应倾向于淡雅、简洁。

⑥适量地运用"空白"的处理手法，如窗框、栏杆、远景树、树枝树干、人、汽车、飞鸟等。黑色的墨线、白色的间隙会对画面的色彩形成中性色的分割，能使画面协调，有装饰感。

（二）钢笔淡彩表现图作图步骤

1. 钢笔画绘制

根据需要可临摹、归纳创作或自己设计方案绘制钢笔画。建筑作为画面的主体，其形象的墨线最好全部以尺规线完成。根据主要轮廓、次要轮廓、局部、细节的主次关系采用不同类型的线条。按照景观内容的不同，用钢笔墨线条画出其他造景要素，如植物、道路、山水、铺地等。

为使画面生动，还可以添加天空、人、汽车、飞鸟等配景，以便和主体景观形成很好的陪衬与呼应关系。

2. 构图

对于建筑钢笔画而言，建筑入口的前面应留出足够的空间，不能堵塞。安置主体建筑的位置不宜居图面正中，否则有呆板的感觉。确定朝向后必然形成重心向相反一侧偏移，有时表现天空多一些，建筑重心下移；有时表现草坪、水池多一些，重心上移。建筑重心偏移后，偏移的一侧也要有一定的空间，使整个图面舒展。

建筑的屋顶与背景的树木形成一个影像，影像的形状要有疏密、高低起伏。通往建筑入口应有道路，路的形状应间断遮挡，不宜笔直生硬。

对于风景钢笔画，除景区画面外，还应有标题、景点介绍、指北针等部分。景区图是占据图面2/3的大块面；标题是小方块组成的带状面；景点介绍可以灵活处理成面状或带状、整齐外形或参差错位等多种形式；指北针是小的点状面。构图即为安排这几个点、线、面的关系。各部分应有明确的分隔。景区图面部分的边缘地带可考虑柔化，通过色彩的退晕向图纸边缘过渡，形成与其他部分的穿插。

临摹钢笔画要尽量与原作相同，归纳创作的钢笔画可以参考其他资料，但前提是以原照片为基础，不可改变得与原照片相差甚远。

3. 设色

色彩部分除了建筑的固有色的基本状况外，可以任意发挥。

（1）定主调

冷调与暖调、对比色调与调和色调、偏蓝的冷调与偏绿的冷调等。主调可以表现春、夏、秋、冬不同的季节，具有很强的感染力。在渲染过程中，先渲染大面积的色块如天空、屋顶、墙面、地面、草地、水面等，因为大面积的色彩决定画面的总体关系。大面积色宜用退晕手法，避免平板。水面的退晕可以从四边往中心、中心向四边、单边平推、双边平推、多边交错退晕等。

（2）分层次

过渡有柔和过渡与跳动过渡，层段过渡与穿插过渡。无论怎样过渡都必须表现出近、中、远的空间层次。深入阶段应从主体形象如主体建筑开始渲染，然后从近景到远景渲染。

（3）设对比

对比是画面中不可缺少的环节。即使是调和的色调也必须有部分的对比手法的出现。运用对比手法表现主体形象与环境的对比，如单纯色的主体建筑与色彩丰富的环境形成对比；主体形象的主要部位与次要部位的对比。注意环境中要有点睛细节。

协调素雅的图面要穿插局部的鲜艳，对比强烈的图面要辅以局部的单纯，使图面不至于因变化而混乱，因求协调而呆板。

六、水粉表现图

水粉表现图是使用水调和粉质颜料绘制而成的一类图。它的色彩可以在图面上产生艳丽、柔润、明亮、浑厚等艺术效果。由于水粉颜料具有覆盖性能，便于反复描绘，既有水彩画法的酣畅淋漓，又有油画画法的深入细腻，产生的画面效果真实生动，艺术表现力极强。

（一）工具与材料

1. 颜料

水粉颜料普遍含有粉质，属于不透明色。有些粉量低是半透明色，如柠檬黄、翠绿、普蓝、湖蓝、青莲、玫瑰红等，它们有一定的透明度。其中湖蓝、青莲、玫瑰红所含矿物质原料具有很强的穿透力，被其他颜料覆盖后容易泛出表层。

2. 水粉画笔

水粉画笔的质量，一般以含水性好而富有弹性的为上等。因此，狼毫画笔是比较理想的。羊毫画笔毛质太软，笔法柔软无力；油画笔含水性差、毛质过硬，都不是理想的画笔。

扁形方头笔适宜涂较大面积的色块及用体面塑造形体。毛笔可用于表现某些具有线条特征的形体，如树木、花果、建筑、车船、人物等。油画笔适宜于水粉厚画法；底纹笔是制作较大水粉画幅不可缺少的工具，用于涂底色，画大面积的天空、地面以及比较概括统一的远景等，幅面较大的静物画背景，也常使用底纹笔来画。

3. 水粉画纸

对水粉画纸的质量要求，不像对水彩画纸那样严格。因为水粉画纸的纸面，基本上是被色层遮盖掉的，但是纸质、纸纹和纸的本色与色彩效果、表现技法效果仍然有一定的关系。水粉画纸要求纸质结实不吸水，会吸水的纸色彩效果灰暗；并且要有一定的厚度，上色后不起凹凸皱纹；要有纸纹，以利于颜料的附着。

（二）水粉画法

1. 白色作为调色剂

水粉画的性质和技法，与油画和水彩画有着紧密的联系。它与水彩画一样都使用水溶性颜料，如用不透明的水粉颜料以较多的水分调配时，也会产生不同程度的水彩效果，但在水色的活动性与透明性方面，则无法与水彩画相比拟。含粉意味着对水色流畅的活动性产生限制的作用。因此，水粉画一般并不使用多水分调色的方法，而采用白粉色调节色彩的明度，来显示自己独特的色彩效果。

2. 薄画法与厚画法

调配水粉颜色，使用水分与白粉色的多少，是体现表现技法和水粉画特色的问题。薄画法是用水使颜料稀薄成为半透明，少用白色，水分使颜色产生厚薄和明度变化，发挥了似水彩那样的湿画渗化效果，绘图过程是先浅后深，深色压住浅色。厚画法是少用水分，使用较多的颜料和白色来提高颜色的厚度和明度，绘图过程是先深后浅，浅色压住深色。但注意水粉色不可涂得过厚，如色层过厚，颜色干后易出现色层龟裂剥落，发生图面受损的情况。

3. 干画法与湿画法

干画法是指在干底子上着色，作图时要待第一层颜色干后再涂上第二层色，层层加叠，前一层色与第二层色有较明晰的界限，所以也称之为多层画法。湿画法是利用水分的溶和，使两块颜色自然地互相接合的一种方法，作图时趁前笔颜色涂上还未干时，接上后笔，使笔与笔之间的衔接柔和，边缘滋润。在水粉表现图中，干画法以厚涂较多，湿画法以薄涂较多。

4. 水粉画的衔接

水粉颜料要画得色块明确、轮廓清楚比较容易，但要画得衔接自然、柔和就比较难。当颜色未干时，颜色比较容易衔接。冷暖两个色块，也可以趁色未干时在连接两个色块的地方进行部分重叠，混合后产生一个过渡的中间色，使衔接自然柔和，没有生硬的痕迹。而颜色干燥以后，就失去湿画时的效果。此时可以将需要衔接的部位，用干净的画笔刷上一层清水，使已干的色相状况恢复到潮湿时的状况，再根据这色相状况来调配衔接的颜色。

（三）水粉表现的基本技法

水粉表现图的很多体面需要平涂；各种颜色的渐变需要退晕；干画法与湿画法都需要叠色；大量的轮廓需要勾画线条。平涂、退晕、叠色、画线条是基础的技法训练。

1. 平涂

与水彩渲染浅淡的水色相反，水粉色平涂需要浓稠的色彩，要加入较多的白色，依靠白色加强颜料的密度，用白粉托出色彩的纯度。

调好的颜料用笔蘸湿，以含在笔中而不滴落的浓度为宜。着色运笔时与纸略有摩擦感为宜，如黏住笔推拉不畅是颜料过稠，有运笔湿滑轻快的感觉则颜料过稀。

涂色时最好使用水平、垂直、再水平三遍运笔过程。第一遍水平运笔，颜色足，用笔力度强。第二遍少量加色垂直走一遍，中等力度。最后一遍不加色，轻力、匀速地走一遍笔，减少笔与纸的摩擦，只是浮在颜色表面找匀。每遍运笔应顺一个方向均匀前进，中途不宜返笔。涂完的颜色面从侧面望去应有毛绒的感觉，如表面水汪汪的或留有明显的笔痕，干后肯定不均匀。颜色若稀薄，湿的时候看上去均匀，干后就显出不均匀的效果。

2. 退晕

小面积的退晕采用一支小扁刷两头蘸色，如一头蓝一头白，左右反复摆动，带有中小幅度的上下移动，使蓝白颜色形成过渡。大面积的退晕可用两把刷子，一把从一端涂深色，另一把从另一端涂浅色，向中间合拢，中间地带运笔略轻。也可以调出深、中、浅三色，分别涂在两端与中间，然后用两把刷子分别在衔接地带反复移动运笔，形成退晕效果。

退晕所调颜色的浓稠与平涂相同。

3. 叠色

在第一遍颜色干后叠加第二遍、第三遍色，是水粉画中常用的方法。叠色方法有两种情况：使用浓厚的颜料将某一部分底色覆盖或以稀的半透明色层罩染，各有不同的效果。但无论采取哪一种方法，实际操作时都要动作敏捷，下笔力求准确，以避免将底色搅起。

4. 画线条

水粉表现图中大量的线条必须用界尺来画，圆规套件的直线笔只适合画很细的线条，各种粗而笔直的长线条必须依靠界尺来完成。使用界尺时，一手持两支笔：一支为画线笔，一支是导向笔，与所画线部位留有一定距离。画线时持笔的手卡紧两支笔，导向笔顺尺槽滑动，拖带着画线笔画线。画长线肩部用力、画短线手腕用力；画细线用衣纹笔，画粗线用兰竹笔或白云笔，齐头线用扁头笔，手指用力下压笔尖可使线条变粗。由于导向笔在尺槽中运行，不会使图面出现划痕。如果用直线笔画长线，会因含颜料不足而中途断色，直线笔画出略粗的线呈凸起状，会影响画面的效果。

要完成一张水粉表现基础练习，在平涂的色块中依照规定粗细的类别画出平行排列、等宽、等距的齐整线条。

（四）水粉表现图的步骤

1. 起稿

先用铅笔定位置和比例，接着用颜色定稿。色线可略重一点，并可用定稿之色薄薄地略示明暗，为下一步的着色做铺垫。造型能力强一些的，也可直接用色线起稿，不示明暗，直接着色。

2. 铺大色调

定稿之后，根据整体色调和大色块关系，薄涂大色调，形成画面的色彩环境。进一步调整大色块的关系，使色彩之间的关系和总的色调与实际感觉相吻合。

3. 具体塑造

在大关系比较正确的基础上，进一步进行具体塑造，从画面主体物着手，逐个完成。此时要注意该物体与背景和其他物体的关系，掌握分寸，细节可留下一步刻画。这一遍用色要适当加厚，增加画面的色彩层次。

4. 细节刻画

对琐碎多余的细节可省略，但对表现物体形象特征与质感的重要细节应加强刻画，画龙点睛。细节要综合到整体之中。

5. 调整、完成

在接近完成的时候，检查一下画面：在深入刻画时是否有些地方破坏了整体，局部和细节的色彩有没有"跳出"画面，还有没有其他毛病。检查后，调整、修改、加工。错误之处，如画得太厚，要洗掉再画，直至完成。

（五）水粉表现图的程式化手法

所谓"程式化"即是一种模式，被反复运用在不同的场合、不同的内容、不同的表演、不同的画面中。程式化的单纯形式形成局限，在局限的制约下便形成独特的风格，各种风格的纵深发展具有广阔的空间。

1. 大型玻璃窗

有单纯的色彩退晕画法；有呈倾斜方向宽窄变化的笔触画法；有垂直、水平色块的穿插画法等。

2. 墙面

多采用对角的明暗过渡，与垂直水平形状的墙体形成对比。

3. 地面

地面描画宽窄不等的水平面、水平线，建筑物在地面形成高反差的垂直倒影，勾勒出流畅的动感线条。各种方法都表现了地面的洁净与明亮，很好地映衬了主体建筑。

此外，树木、人物、汽车也多有程式化的表现。

1. 风景园林设计的原则和特点是什么？

2. 方案设计的阶段由几方面组成？

3. 常用的风景园林表现技法有哪几种？

4. 水墨渲染的运笔方法有哪几种？

第五章　风景园林建筑外部与内部设计

导　读

在社会经济迅速发展的今天，人们的生活环境遭到破坏，乃至连食品安全都不能明确保障，导致生活压力越来越大，从而让人们燃起了亲近大自然的愿望。生活节奏的加快，以及我国建筑领域追求的是建筑速度，从而忽略建筑本身的造型设计理念，甚至有所谓的中西结合的现代建筑出现，展示出的却是建筑创造风格的惰性，建筑师应具备立足本土的意识和放眼看世界的独立见解性。国外建筑师将风景园林建筑外部和内部设计呈现的相互协调，因为他们注重将建筑外部的景观要素引入到内部设计中去，进而给人一种被大自然拥抱的感觉。

学习目标

1. 学习风景园林建筑的外部环境设计相关知识。
2. 学习风景园林建筑的内部空间设计相关知识。

第一节　风景园林建筑的外部环境设计

一、风景园林建筑场地设计的内容与特点

（一）场地设计的主要内容

1. 场地的概念

从所指对象来看，场地有狭义和广义之分。

狭义概念：狭义的场地是相对"建筑物"存在的，经常被明确为"室外场地"，以示其对象是建筑物之外的广场、停车场、室外活动场、室外展览场等。

广义概念：一般情况下，人们通常指的"场地"就是广义的场地。场地是基地中所包

含的全部内容，包括建筑物和建筑物之外的环境整体，应该具有综合性、渗透性以及功能的复杂性，包括满足场地功能展开所需要的一切设施，具体来说应包括以下两点：

（1）场地的自然环境——水、土地、气候、植物、环境等。

（2）场地的人工环境——亦即建成空间环境，包括周围的街道、人行通道、需要保留的周围建筑、需要拆除的建筑、地下建筑、能源供给、市政设施导向和容量、建筑规划和管理、红线退让等场地的社会环境、历史环境、文化环境以及社区环境等。

2. 场地的构成要素

（1）建筑物

在一般的场地中建筑物必不可少，属于核心要素，甚至可以说场地是为建筑物存在的。所以，建筑物在场地中一般都处于控制和支配的地位，其他要素则处于被控制、被支配的地位。其他要素常常是围绕建筑物进行设计的，建筑物在场地中的位置和形态一旦确定，场地的基本形态一般也就随之确定了。

（2）交通系统

交通系统在场地中起着连接体和纽带的作用。这一连接作用很关键，如果没有交通系统，场地中的各个部分之间的相互关系是不确定和模糊的。简而言之，交通系统是场地内人、车流动的轨迹。

（3）室外活动设施

人们对建设项目的要求除室内空间之外，还有室外活动，如在一些场地中需要运动场、游乐场，这样就要求设置相关的活动设施。

（4）绿化景园设施

在城市中，场地内作为主角的建筑物大多会以人工的几何形态出现，构造材料也是以人造的、非自然的为主，交通系统也大体如此。它们体现的是人造的和人工的痕迹，给人的感觉是硬性的、静态的。而绿化景园能减弱由于这种太多的人工建造物所形成的过于紧张的环境压力，在这种围蔽感很强的建筑环境中起到一定的舒缓作用。另外，绿化景园对场地的小气候环境也能起到积极的调节作用，如冬季防风、夏季遮阴，调节空气的温湿度，水池、喷泉等水景在炎夏能增强清凉湿润感。

（5）工程系统

工程系统主要包括两方面：①各种工程与设备管线，如给水、排水、燃气、热力管线、电缆等（一般为暗置）；②场地地面的工程设施，如挡土墙、地面排水。工程系统虽然不引人注意，但是支撑建筑物以及整个场地能正常运作的工程基础。

3. 场地设计的内容

上面已经讨论论过，场地的组成一般包括建筑物、交通设施、室外活动设施、绿化景园设施以及工程设施等。为满足建设项目的要求，达到建设目的，从设计内容上看，风景园林建筑场地设计是整个风景园林建筑设计中除建筑单体的详细设计外所有的设计活动。

风景园林建筑场地设计一般包括建筑物、交通设施、绿化景观设施、场地竖向、工程设施等的总体安排以及交通设施（道路、广场、停车场等）、绿化景园设施（绿化、景观小品等）、场地竖向与工程设施（工程管线）的详细设计，这些都是场地设计的直接工作内容，它们与场地设计的最终目的又是统一的。因为每一项组成要素总体形态的安排必然会涉及与其他要素之间总体关系的组织，而对风景园林建筑之外的各要素的具体处理又必然会体现出它们之间以及它们与风景园林建筑之间组织关系的具体形式。所以，这与人们认为的"场地设计即为组织各构成要素关系的设计活动"是相一致的。

（二）场地设计的特点

在对场地设计的内容和实质进行了讨论之后发现，风景园林建筑场地设计兼具技术与艺术的两重性。而风景园林建筑场地设计与建筑设计极其相似，所以既具有技术性的一面，又具有艺术性的一面。

在风景园林建筑场地设计中，用地的分析和选择，场地的基本利用模式的确定，场地各要素与场地的结合，位置的确定和形态的处理等工作都与场地的条件有直接关系。需要根据场地的具体地形、地貌、地质、气候等方面的条件展开设计工作，在设计中技术经济的分析占有很大的比重。比如，建筑物位置的选择就要依据场地中的具体地质情况决定，包括土壤的承载力、地下水位的状况等，这里工程技术的因素将起到决定性的作用。而场地的工程设计包括场地的基本整平方式的确定、竖向设计等，也要依据场地的具体地形地貌条件决定，既有技术性的要求，又有经济性的要求。在道路、停车场、工程管线等的详细设计中，技术经济成分所占比重同样很大，如道路的宽度、转弯半径、纵横断面的形式、路面坡度的设定等都有着较特定的形式和技术指标要求。工程管线的布置更需要严格依照技术要求进行。上述内容都强调工程技术和经济效益两方面的合理性，场地设计也因此而显现出技术性很强的一面。在设计中需要更多的科学分析，更多的理性和逻辑思维。

与此同时，场地设计要进行另一类的工作。在场地中，大到布局的形态，小到道路和广场的细部形式、绿化树种的搭配、地面铺装的形式和材质、景园小品的形式和风格等，特别是场地的细部，都是与使用者的感官体验直接相关的。这些内容的处理并没有硬性的规定，也没有复杂的技术要求，更没有一个一成不变的模式去套用，设计中需要的是更多的艺术素养和丰富的想象力。这使场地设计又显现出了艺术性的一面。

风景园林建筑设计中需要解决的问题多种多样，既有宏观层次上的又有微观层次上的，这种两重性在风景园林建筑场地设计中同样有突出体现。从风景园林建筑场地设计的整个程序上来看，场地设计的内容处于设计的初期和末期两个端部。初期的用地划分和各组成要素的布局安排是总体上的工作，具有宏观性的特征。末期的设施细部处理、材料和构造形式的选择是细节上的工作，具有微观性的特征。场地的最终效果既依赖于宏观上的秩序感和整体性，又依赖于微观上的细腻感和丰富性。因此，场地设计既需要宏观上的理性的控制和平衡，又需要微观上的敏感和耐心。

总之，由于内容组成的丰富多样，场地设计呈现出了多重的特性，既有科学的一面又有艺术性的一面，既有理性的成分又有感性的成分。这些特性交织在一起，使场地设计成了一项高度综合性的工作。

二、风景园林建筑外部环境设计的基本原则

探讨风景园林建筑在外部环境中的设计原则有助于全面考虑建筑外部环境的综合层面，从而使建筑的整体环境和谐统一。在风景园林建筑设计过程中，应根据建筑的性质、规模、内容组成与使用要求，结合建筑外部环境，把握不同环境层面的主要矛盾，建立整体环境的新秩序。

（一）整体性原则

整体性是风景园林建筑及其构成空间环境的各个要素，形成的整体，体现建筑环境在结构和形态方面的整体性。

1. 结构的整体性

结构是组成要素按一定的脉络和依存关系连接成整体的一种框架。风景园林建筑和外部环境要形成一定的关系才有存在的意义，外部环境才能体现出一定的整体秩序。整体性原则立足于环境结构的协调之上，并使建筑与其所处环境相契合，建立建筑及其外部环境各层面的整体秩序。

风景园林建筑外部环境的每个层面均具有一定的结构。城市环境由不同时期的物质形态叠加而成。每个城市的发展都有独特的结构模式，城市的各个部分都和这种结构具有一定的关系，并依据一定的秩序构成环境。风景园林建筑设计应当植根于现存的城市结构体系中，尊重城市环境的整体结构特征。地段环境应当是城市环境中的构成单元，是符合城市自身结构逻辑的、相对独立的空间环境。风景园林建筑设计应当尊重城市地段环境的整

体框架，与已建成的形体环境相配合，创造和发展城市环境的整体秩序。

场地环境是指由场地内的建筑物、道路交通系统、绿化景园设施、室外活动场地及各种管线工程等组成的有机整体。建筑设计的目的就是使场地中各要素尤其是建筑物与其他要素建立新的结构体系，并和城市环境、地段环境相关联，从而和外部空间各个层面形成有机的整体。

风景园林建筑和外部环境空间秩序的关系存在两种方式。其一是和外部环境空间秩序的协调。由于外部环境空间的秩序是在漫长的历史发展过程中形成的，往往存在维持原有结构秩序的倾向，使秩序结构具有稳定性等特点，从而对风景园林建筑设计形成一种制约。其二是对外部环境空间秩序的重整。随着经济结构和社会结构的演变，环境秩序也随之发生变化。由于原有的环境秩序往往很难适应发展变化的要求，环境内部组织系统的变化总是滞后于发展变化，从而导致城市的结构性衰退。因此，风景园林建筑设计必须使各组成要素和子系统按新的方式重新排列组合，建立新的动态平衡。

2. 形态的整体性

风景园林建筑形态是外部环境结构具体体现的重要组成部分。外部环境任何一个层面的形态都具有相对完整性，出色的外部环境具有的富于变化的统一美体现于整体价值。风景园林建筑设计要与外部环境层面的形态相关联，保证建筑空间、形式的统一。新建筑能否融合于既存的建筑环境之中，在于构成是否保持和发展了环境的整体性。

各环境层面都具有相对独立的功能和主体。功能的完整与建筑和环境密切相关。风景园林建筑实体的布局要注意把握环境功能的演变，建筑实体的功能要符合城市功能的演变规律，从而使建筑功能随城市经济发展而不断变化，防止建筑功能的老化。对一些功能较为混乱、整体机能下降、出现功能性衰退的地区，风景园林建筑设计要担负起整合环境功能的重要作用，使建筑的外部空间具有相对完整性。

（二）连续性原则

连续性原则是指风景园林建筑及其外部环境的各个要素从时间上相互联系组成一个整体，体现建筑及其外部环境构成要素经历过去、体验现在、面向未来的演化过程。

1. 时间的延续性

就时间的特性而言，外部环境是动态发展着的有机整体。风景园林建筑及其外部环境把过去及未来的时间概念体现于现在的环境中。随着历史的演进，新的内容会不断地叠加到原有的外部空间环境中。通过不同时间内容的增补与更新，不断调整结构以适应新时代。这种时间特性使建筑形态在外部环境中表现出连续性的特征。风景园林建筑及其外部环境的设计应体现连续性特征及动态的时间性过程。因此，风景园林建筑形式的产生不是偶然的，它与既存环境有着时间上的联系，是环境自身演变、连续的必然。

风景园林建筑设计要重视环境的文脉，重视新老建筑的延续，这种时间性过程又被称为"历时"的文脉观念。在文脉主义和符号学者的理论与实践中，对如何实现对历史文化的传承和延续做了不少探索。他们认为，建筑形式的语言不应抽象地独立于外部世界，必须依靠和根植于周围环境中，引起对历史传统的联想，同周围的原有环境产生共鸣，从而使建筑在时间、空间及其相互关系上得以延续。传统空间环境中形式符号的运用可以丰富建筑语汇，使环境具有多样性。由于传统环境形态和建筑形态与人们的历史意识和生活风俗有不同程度的关联，合理运用这些因素将有助于促进人们对时间的记忆。

2. 形态的连续性

外部环境的形态具有连续性的特征，加入风景园林建筑环境的每一栋新建筑，在形式上都应尊重环境、强调历史的连续性。其形态构成应与现存的环境要素进行积极对话，包括形式（如体量、形状、大小、色彩、质感、比例、尺度、构图等）上的对话，以及与原有建筑风格、特征及含义上的对话，如精神功能表现以及人类自我存在意义的表达等。历史不是断裂的，而是连续的，外部环境中建筑形态的创造也应当体现出这种形式与意义的连续。

风景园林建筑与外部环境的构成应将现存环境中有效的文化因素整合到新的环境之中，不能无条件地、消极地服从于现存的环境。风景园林建筑设计应在把握环境文脉的基础上大胆创新，以新的姿态积极开拓新的建筑环境，体现和强化环境的特征。这种特征不应是对过去的简单模仿，而应在既存的环境中创造新的形态。

（三）人性化原则

人类社会进步的根本目标是要充分认识人与环境的双向互动关系，把关心人、尊重人的概念具体体现于城市空间环境的创造中，重视人在城市空间环境中活动的心理和行为，从而创造出满足多样化需求的理想空间。

1. 意义性

意义是指内在的、隐藏在建筑外部环境中的文化含义。这种文化含义由外部环境中的历史、文化、生活等人文要素组成。由于审美意识不同，不同的人对环境意义的理解也不同。因此，风景园林建筑的外部环境是比自然空间环境更有意义的空间环境。在漫长的历史进程中，它积淀了城市居民的意志和行为要求，形成了自己特有的文化、精神和历史内涵。在这个多元化的时代，社会生活对风景园林建筑环境的要求是多方面的，人们需要多样化的生活环境。但是，多样性的环境仍应以一定的意义为基础。

设计师应当把握隐藏于风景园林建筑形象背后的深层含义，如社会礼仪、生活风俗、自然条件、材料资源、文化背景、历史传统、技术特长乃至地方和民族的思想、情感、意识等，也就是把握对风景园林建筑精神本质的感受。只有这样，才能在风景园林建筑环境构成上确切地反映出人们的思想、意志和情感，与原有风景园林建筑文化形成内在的呼应，从根本上创造出环境的意义。

2. 开放性

如果把城市当成一个系统，城市就是由许许多多较小的子系统相互作用组合而成的。随着风景园林建筑规模的不断扩大，功能组成也越来越复杂，从而使人们对建筑和城市的时空观念发生了变化。风景园林建筑及其外部环境形态构成模式由"内向型"向"外向型"转化，表现为风景园林建筑与城市之间的相互接纳和紧密联系。许多城市功能及其形成的城市环境，不断向风景园林建筑内部渗透，并将城市环境引入建筑。风景园林建筑比以往任何时候都更具"外向"的特征，它们与城市环境的构成因素密切地形成一个整体。因此，风景园林建筑设计必须突破建筑自身的范畴，使建筑设计与各环境层面相辅相成、协调发展，让风景园林建筑空间和外部公共空间相互穿插与交融，从而使建筑真正成为城市有机体中的一个组成部分，创造出具有整体性的丰富多彩的城市空间。

3. 多样性

多样性是指风景园林建筑及其外部环境受特定环境要素的制约而形成各自不同的特点。风景园林建筑环境的使用者由于所处的背景不同而对建筑环境有不同的要求。而且，社会生活对建筑及其外部环境的要求是多方面的，人们需要多样的生活环境，只有多样的环境才能满足多样的生活。特定的制约因素是多样性存在的前提，风景园林建筑环境受特定的自然因素和人文因素的制约而形成多样化的特点。

多样性原则强调风景园林建筑环境构成的多样性和创造性，因此新的建筑构成应对外部环境不断地加以充实。新颖而又合理的形态将会使原有的环境秩序得以发展，从而建立一种新的环境秩序。建筑师应具备敏锐的环境感应能力，善于从原有环境的意象中捕捉创新的契机与可能。风景园林建筑的建造不仅是物质功能的实现，还应体现外部环境多方面的内涵，它的形成与社会、经济、文化、历史等多方面的因素有关，并满足各种行为和心理活动的要求，使城市真正成为生动而丰富的生活场所。此外，新的历史条件下出现的新技术、新材料、新工艺等对风景园林建筑产生了各种新的要求，风景园林建筑设计也应与之相适应，表现出多样性的特点。

4. 领域性

人类的活动具有一定的领域性。领域是人们对环境的一种感觉，每个人对自己所生活的城市空间都有归属感。人与人相遇的场地是具有社会性的领域，如开放的公共交往场所。人们的很多日常体验都是在公共领域内产生的，它不仅满足了最基本的城市功能，为人们的交往提供场所，还为许多其他功能及意义的活动的发生创造了条件。建筑师就是要设计这种领域，使其具有一定的层次性、私密性、归属感、安全感、可识别性等。

领域性要求城市空间具有不同的层次和不同的特性，以适应人们不同行为的要求。因此，风景园林建筑环境的构成应当有助于建立和强化城市空间的领域性，从公共空间—半公共空间—半私有空间—私有空间形成不同层次的过渡，形成良好的领域感。单体建筑不应游离于整体城市领域性空间的创造之外，而应积极地参与环境的构成，形成不同性质的活动场所。

具有领域性的城市环境要求建筑与建筑之间的外部空间不应是消极的剩余空间，而应是积极的城市空间，风景园林建筑形态的构成应积极与其他建筑、街道、广场等相配合，建立良好的领域性空间，创造完整的空间环境秩序，从而使城市空间的层次和特性更为清晰，使环境的整体性特征更加明确。

（四）可持续性原则

可持续性原则注重研究风景园林建筑及其外部环境的演变过程以及对人类的影响，研究人类活动对城市生态系统的影响，并探讨如何改善人类的聚居环境，达到自然、社会、经济效益三者的统一。在城市建设和风景园林建筑设计领域，可持续发展涉及人与环境的关系、资源利用、社区建设等问题。人们的建设行为要按环境保护和节约资源的方式进行，对现有人居环境系统的客观需求进行调整和改造，以满足现在和未来的环境和资源条件，不能仅从空间效率本身去考虑规划和设计问题。

1. 空间效率

空间体系转型的要求需从过去的"以人为中心"过渡到以环境为中心，空间的构成需要根据环境与资源所提供的条件来重新考虑未来的走向。人必须在自然环境提供的时空框架内进行建设并安排自己的生活方式，强调长期环境效率、资源效率和整体经济性，并在此基础上追求空间效率。风景园林建筑及其外部空间将向更加综合的方向发展。综合城市自然环境和社会方面的各种要素，在一定的时间范围内使空间的形成既符合环境条件又满足人们不断变化的需求。

2. 生态环境

生态建筑及其空间是充分考虑到自然环境与资源问题的一种人为环境。建造生态建筑的目的是尽可能少地消耗一切不可再生的资源和能源，减少对环境的不利影响。"生态"一词准确地表达了"可持续发展"这一原则在环境的更新与创造方面所包含的意义。因此，在协调风景园林建筑设计与外部环境的过程中，要遵循生态规律，注重对生态环境的保护，要本着环境建设与保护相结合的原则，力求取得经济效益、社会效益、环境效益的统一，创造舒适、优美、洁净、整体有序、协调共生并具有可持续发展特点的良性生态系统和城市生活环境。

三、风景园林建筑外部环境设计的具体方法

（一）场地设计的制约因素

场地设计的制约因素主要包括自然环境因素、人工环境因素和人文环境因素，这些因素从不同程度、不同范围、不同方式对风景园林建筑设计产生影响。

1. 影响场地的自然环境因素

场地及其周围的自然状况，包括地形、地质、地貌、水文、气候等可以称为影响场地设计的自然环境因素。场地内部的自然状况对风景园林建筑设计的影响是具体而直接的，因此对这些条件的分析是认识场地自然条件的核心。此外，场地周围邻近的自然环境因素以及更为广阔的自然背景与风景园林建筑设计也关联密切，尤其是场地处于非城市环境之中时，自然背景的作用更为明显。

（1）地形与地貌

地形与地貌是场地的形态基础，包括总体的坡度情况、地势走向、地势起伏的大小等特征。一般来说，风景园林建筑设计应该从属于场地的原始地形，因为从根本上改变场地的原始地形会带来工程土方量的大幅度增加，建设的造价也会提高。此外，一旦考虑不周就会对场地内外造成巨大的破坏，这与可持续发展原则是相违背的，所以从经济合理性和生态环境保护的角度出发，风景园林建筑设计对自然地形应该以适应和利用为主。

地形的变化起伏较小时，它对风景园林建筑设计的影响力较弱。这时设计的自由度可以放宽；相反，地形的变化起伏幅度越大，它的影响力也越大。

当坡度较大、场地各部分起伏变化较多、地势变化较复杂时，地形对风景园林建筑设计的制约和影响就会十分明显了，道路的选择、广场及停车场等室外构筑设施的定位和形式的选择、工程管线的走向、场地内各处标高的确定、地面排水的组织形式等，都与地形

的具体情况有直接的关系。

当地形的坡度比较明显时，建筑物的位置、道路、工程管线的定位和走向与地形的基本关系有两种：一种是平行于等高线布置；另一种是垂直于等高线布置。一般来说，平行于等高线的布置方式土方工程量较小，建筑物内部的空间组织比较容易，道路的坡度起伏比较小，车辆及人员运行也会比较方便，工程管线的布置也很方便。当然，在具体的风景园林建筑设计中两种情况经常会同时出现，权衡利弊、因地制宜才是解决之道。

地貌是指场地的表面状况，它是由场地表面的构成元素及各元素的形态和所占的比例决定的，一般包括土壤、岩石、植被、水体等方面的情况。土壤裸露程度、植被稀疏或茂密、水体的有无等自然情况决定了场地的面貌特征，也是场地地方风土特色的体现。风景园林建筑设计对场地表面情况的处理应该根据它们的具体情况来确定原则和具体办法。

对植被条件进行分析时应了解认识它们的种类构成和分布情况，重要的植被资源应调查清楚，如成片的树林，有保存价值的单体树木或特殊的树种都要善于加以利用和保护，而不是一味地砍除。植被是场地内地貌的具体体现，植被状况也是影响景观设计的重要因素，人在充满大自然气息的大片植被中和寸草不生的荒地中的感觉是截然不同的。此外，场地内的植被状况也是生态系统的重要组成部分，植被的存在有利于良好生态环境的形成。因此，保护和利用场地中原有的植被资源是优化景观环境的重要手段，也是优化生态环境（包括小气候、保持水土、防尘防噪）的有利条件。许多场地良好环境的形成就是因为利用了场地中原有的植被资源。地表的土壤、岩石、水体也是构成场地面貌特征的重要因素。地表土质与植被的生长情况密切相关，土质的好坏会影响场地绿化系统的造价和维护的难易程度，在进行场地绿化配置时，树种的选择应考虑场地的表土条件。突出地面的岩石也是场地内的一种资源，设计中加以适当处理，就会成为场地层面环境构成中的积极因素。场地内部或周围若有一定规模的水体，如河流、溪水、池塘等会极大地丰富场地的景观构成，并改善周围的空气质量和小气候。

总之，场地现状的地貌条件对风景园林建筑设计尤其是绿化景园设施的基本设置和详细设计有重要的意义。当场地原有的地貌条件较好时，应尽量采取保护和利用的方法，这有利于场地原有生态条件和风貌特色的保持，也有利于修建施工后场地层面环境的迅速恢复，还能有效降低场地内绿化系统设施的造价，在经济上可以实现最大限度地节约。在这种情况下进行风景园林建筑设计时应该尽量减少由构筑物及其人工建造设施而造成的影响和破坏，毕竟人工的建造可以在相对较短的时间内完成，但原有的绿化和植被等自然条件不是一朝一夕能形成的，一旦在建造过程中造成破坏，将是不可估量的损失。当然，在风景园林的建筑设计中经常会遇到这样的问题，通常采取的措施是避让或搬迁原有的树木。

场地布局应使建筑物、道路、停车场等避开有价值的树木、水体、岩石等，选择场地中的其他"空间"来组织设计。相应地，绿化系统设施应利用原有的资源进行配置，尽量只是在原有的绿化基础上加以改造和修剪，充分利用和珍惜大自然赋予我们的每一份资源。

（2）气候与小气候是自然环境要素的重要组成部分

气候条件对风景园林建筑设计的影响很大，不同气候条件的地区会有不同的建筑设计模式，也是促成风景园林建筑具有地方特色的重要因素之一。一方面要了解场地所处地区的气象背景，包括寒冷或炎热程度、干湿状况、日照条件、当地的日照标准等；另一方面要了解一些比较具体的气象资料，包括常年主导风向、冬夏主导风向、风力情况、降水量的大小、季节分布以及雨水量和冬季降雪量等。场地及其周围环境的一些具体条件比如地形、植被、海拔等会对气候产生影响，尤其是对场地小气候的影响。比如，地区常年主导风向的路线会因地形地貌、树木以及建筑物高度、密度、位置、街道等的影响而有很大的改变，场地内外如果有较大的地势起伏、高层建筑物等因素还会对基地的日照条件造成很大的影响。此外，场地的植被条件、水体情况也会对场地的温湿度构成影响。场地的小气候条件会因客观存在的诸多因素而影响建筑设计以及人的心理感受，具体情况的变化需要设计者进行分析和研究。

场地布局尤其是建筑物布局应考虑当地的气候特点，建筑物无论集中布局还是分散布局，其形态和平面的基本形式都要考虑寒冷或炎热地区的采暖或通风散热的要求。在寒冷地区，建筑物以集中式布局为宜，建筑形态最好规整聚合，这样建筑物的体形系数可以有效地减小，总表面积也会减小，有利于冬季保温。炎热地区的建筑宜采取分散式布局，以便于散热和通风。采取集中式布局时，建筑物在场地中多呈现比较独立的形式，场地中的其他内容也会比较集中；分散式布局常会把场地划分为几个区域，建筑物与其他内容多会呈现穿插状态。当场地中有多栋建筑时，布局应考虑日照的需求，根据当地的日照标准合理确定日照间距，建筑物的朝向应考虑日照和风向条件，主体朝向尽量南北向处理以便冬季获得更多日照，也可防止夏季的西晒，主体朝向与夏季主导风向一致有利于获得更好的夏季通风效果，避开冬季主导风向可防止冬季冷风的侵袭。

风景园林建筑设计应尽量创造良好的小气候环境。建筑物布局应考虑广场、活动场、庭院等室外活动区域向阳或背阴的需要以及夏季通风路线的形成。高层建筑的布局应防止形成高压风带和风口。适当的绿化配置也可以有效地防止或减弱冬季冷风对场地层面环境的侵袭。此外，水池、喷泉、人工瀑布等设施可以调节空气的温湿度，改善局部的干湿状况。

2. 影响场地的人工环境因素

一般来说，人工环境因素主要包括场地内部及周围已存在的建筑物、道路、广场等构筑设施以及给排水、电力管线等公用设施。如果场地处于城市之外或城市的边缘地段，这类场地通常是从未建设过的地块，不存在从前建设的存留物；或建设强度很低，各种人工建造物的密度很小，场地的建筑条件是比较简单的，人工环境因素对建筑设计的影响也是较弱的。这时，自然环境因素就成了制约场地层面环境的主导因素。如果场地处于城市之中的某个地段时，场地中往往会存在一些建筑物、道路、硬地、地下管线等人工建造物，场地也经过了人工整平，自然形貌已被改变。无论如何，场地都是整体城市环境中的一个组成部分，风景园林建筑设计不仅要结合场地内部的环境进行，还要促进整体城市环境的改善。

影响场地的人工环境因素需要分为两个部分来考虑：场地内部和场地周围。

（1）场地内部

①场地原有内容较少，状况差，时间久且没有历史价值，与新目标的要求差距大。例如，原有的居住性平房要求改建成高层写字楼，这种场地内的原有内容在新的建设项目中很难被加以利用，因此他们对风景园林建筑设计的制约和影响可以忽略不计，可以采取全部清除，重新建设的办法。

②场地中存留内容具有一定的规模，状况较好，与新项目的要求接近。例如，场地中原有一块平整的硬地，新项目中需要一个广场，就可以对硬地加以充分利用，节约资源。如果原有的内容具有一定的历史价值，需要保留维护，就应当酌情处理，不能采取拆除重建的办法，否则就是对社会财富的浪费和对城市历史的破坏，这时采取保留、保护、利用、改造与新建项目相结合的办法是较为妥当的。这样虽然会在风景园林建筑设计上增加困难，但却是值得的。一般来说，原有的建筑物是最应该被回收利用的，因为建筑物往往是项目中造价最高的部分。如果场地的规模很大，那么原有的道路以及地下管线设施就应尽量保留利用，在原有的基础上可以加宽、拓展，一方面可以节约投资，减少浪费；另一方面可以缩短工期，提高工作效率，符合可持续发展的要求。

（2）场地周围

场地周围的建设状况是影响场地人工环境因素的另一重要部分，概括起来可以分为以下几个部分：一是场地外围的道路交通条件；二是场地相邻的其他场地的建设状况；三是场地所处的城市环境整体的结构和形态（或属于某个地段）；四是基地附近所具有的特殊的城市元素。下面我们来具体分析：

①场地处于城市之外或城市边缘时，人工环境要素对风景园林建筑设计的影响是较弱

的，与场地直接关联的就是外围的交通道路。在城市中，交通压力一般比较大，所以无论场地外还是场地内，人员和车辆的流动都会形成一定的规模，由于城市用地规模有限，场地交通组织方式的选择余地会相对缩小，这时外围的交通道路条件对风景园林建筑设计的制约作用明显增强。

场地外部的城市交通条件对风景园林建筑设计的制约先是通过法规来体现的，然后才是场地周围的城市道路等级、方向、人流、车流和流向，这些会影响场地层面环境的分区、场地出入口的布置、建筑物的主要朝向、建筑物主要入口位置等。一般来说，对外联系较多的区域和公共性较强的区域应靠近外部交通道路布置，比较私密的、需要安静的区域则要远离。因此，风景园林建筑的设计在场地中会留有开放型的广场或活动场所，以便接纳人流和满足建筑的使用，主入口也相对处于明显的位置。在居住区，大型的广场和活动场所则需要设置在内部，这样对场地的要求就会提高，主入口的设置也需要避开主要的外部交通道路和人流。

②在很多情况下，场地相邻的其他场地的布局模式是外围人工环境制约因素最主要的一部分，体现为能否与城市形成良好的协调关系。在城市中，场地与场地之间是紧密相连的，都是城市整体中的一个片段，如街道、建筑绿地等要素组成了场地，一块块场地衔接在一起构成了城市的整体，所以场地应与它相邻的其他场地形成协调的整体关系。

首先，在考虑项目及场地的内容组成时，应参照周围场地的配置方式。比如，相邻场地中都有较大的绿化面积时，在新的设计中就要相应地扩大绿化面积。

其次，各场地要素的布置关系，也应该参照相邻场地的基本布局方式和形态。比如，相邻场地的建筑物都沿街道布置，那么新项目中的风景园林建筑设计也应该采取这样的布置方式以保持连续的街道立面。

最后，场地中各元素具体形态的处理，应与周围其他同类要素相一致。如果周围的场地内广场、庭院等的形态都比较自由，那么新项目的广场和庭院风格不应太规整严肃，具体元素的形式、形态的协调也是形成统一环境的有效手段。

③场地周围的城市背景是一个宏观性的问题。一个有序的城市，它的结构关系是比较明确的，具有特定的倾向性。对风景园林建筑设计来说，不仅要考虑场地内部的状况，照应到周围邻近场地的形态，且还应考虑更大范围的城市形态和城市结构关系，个体的场地应顺应城市的整体形态，从而成为城市结构的一部分。

④场地周围会存在一些比较特殊的城市元素，这些特殊的元素对风景园林建筑设计会有特定的影响，比如有些时候场地会临近城市中的某个公园、公共绿地、城市广场或其他类型的城市开放性空间，或一些重要的标志性构筑物，这时风景园林建筑设计必然会受到

这些因素的影响，充分利用这些特殊条件可以使风景园林建筑设计变得更加丰富、灵活多变，进行场地布局时也可以对这些有利条件加以利用，使场地层面环境与这些城市元素形成统一融合的关系，使两者相得益彰。当然，利弊总是交织存在的，比如噪声、污染等，因此风景园林建筑应该针对这些特定的不利条件采取一些措施，减弱或降低干扰。

3. 影响场地的人文环境因素

场地层面环境的人文环境要素包括场地的历史与文化特征、居民心理与行为特征等内容。这种人文因素的形成往往是城市、地段、场地三个层面环境综合作用的结果。场地设计要综合分析这些因素，使场地具有历史和文化的延续性，创造出具有场所意义的场地环境。

风景园林建筑与场地层面环境人文要素的协调，首先要有层次地从历史及文化角度进行城市、地区、地段、场地、单体建筑的空间分析，从而和城市的整体风貌特征相协调；其次要考虑场地所在地段的环境、场所等形成的流动、渗透、交融的延伸性关系，使地段具有历史及文化的延续性，和地段共同形成具有场所意义的地段空间特征；最后要立足于场地空间环境特征的创造，把握社会、历史、文化、经济等深层次结构，并和居民心理、行为特征、价值取向等相结合且做出分析，创造出具有特征的场地空间。

（二）场地环境与风景园林建筑布局

1. 山地环境与风景园林建筑

（1）山地环境的特点

山地的表现形式主要有土丘、丘陵、山峦以及小山峰等，是具有动态感和标志性的地形。山地作为一种自然风景类型，是风景园林环境的重要组成部分。在山地的诸多自然要素中，地形特征占据主要地位，它是决定风景园林建筑与该建筑所处区域环境关系的主要因素。山地的地形由于受自然环境的影响而没有规则的形状，根据人们约定俗成对山体的认知，山体的基本特征可以概括为山顶、山腰、山麓。山顶是山体的顶部，山体上最高的部位，四面均与下坡相连；山腰，也被称作山坡、山躯，是位于山体顶部和底部之间的倾斜地形；山麓也被称为山脚，是山体的基部，周围大部分较为开敞平整，只有一面与山坡连接。

不同区域、地点、区位都有不同的环境特性和空间属性，山顶、山腰与山麓虽然属于同一山脉，但都有自身的环境特征和空间属性。山顶是整个山体的最高地段，站在山顶可以从全方位的角度观赏景观，空间、视线十分开阔，由于自身形象比较独立，因此在一定范围内具有控制性。山腰是山顶和山麓的连接部分，通常具有一定坡度，地段的一面或两面依托于山体，空间具有半开敞性，坡地也有凹凸之分，凸型往往形成山脊，具有开放感，开敞性较强，山脊地形在风景环境中还有另外一种作用，那就是起到景观的分隔作用，作为各个空间的交叉场所，它把整个风景环境进行分割，山脊地形的存在使观赏者在视线上受到遮挡，景观不能一目了然，因而能激发人不同的空间感受；凹型往往形成山谷，具有围合感和内向性。山麓地带在大多数情况下坡度都较为和缓，且常与水相接，地势呈现水平向的趋势，与平原地带相交时，根据地势地貌的不同，有的是小的断崖面，戛然而止，有的坡度较大，有的则是和缓坡地来过渡。山麓地带以其优越的自然条件，往往成为人类栖居和建造活动的主要场所，也是人类对山体改造最大的部位。山麓地带处于山体和平原的交接地带，是两者共同的边缘之处，这一地带往往是视觉的焦点，因而在这一区域进行营建时对风景园林建筑造型需要经过周密的推敲。山体的山脊通常会在山麓地带的交会处形成围合之势的谷地或盆地，两侧被山体所围合，具有隔离的特点，表现出幽深、隐蔽、内向的空间属性。从建筑学的角度出发，是一种具有特殊场所感的建筑基地，山地给人的心理感受极其可观，可利用的形式也是独特的。

（2）风景园林建筑与山地的结合方式

山地环境中的风景园林建筑不同于其他类型风景园林建筑的一个重要特征是在建造技术上需要克服山地地形的障碍、获取使用空间、营造出供人活动的平地，山地环境中的风景园林建筑与山体的结合方式有几种不同的方式，表达了风景园林建筑与山体共处的不同态度。具体的结合方式有以下几种：

①平整地面，以山为基

这是处理山地地形与风景园林建筑关系最简单的一种方法，对凹凸不平的地形进行平整，使风景园林建筑坐落于平台之上，以山为基。这种做法使风景园林建筑的稳定性增强，适合于坡度较缓、地形本身变化不大的山地环境地段。对地面的平整并非只采用削切的手法，还可以利用地形筑台，将建筑置于人工与自然共同作用下的台基之上，以增强建筑的高耸感与威严感，使建筑体量突出于山体，并且具有稳定的态势。这种高台建筑的形式在中国最早的风景园林建筑中就已经出现，用以表达对自然的崇拜。此外，对地面标高的适应可以在建筑物内部利用台阶、错层、跃层的处理手法实现，使风景园林建筑造型产生错落的层次，丰富风景园林建筑的内部空间。

②架空悬挑、浮于山体

若想使山地环境中的风景园林建筑依山就势呈现一种险峻的姿态，可使风景园林建筑主体全部或部分脱离地面。浮于山体的方式一般有两种：底层架空和局部悬挑。底层架空指的是将风景园林建筑底部脱离山体地面，只用柱子、墙体或局部实体支撑，使风景园林建筑体的下部保持视线的通透性，减少建筑实体对自然环境的阻隔，表现出对自然的兼容。这种形式在我国四川、贵州等地的"吊脚楼"中较为常见，这种民居利用支柱斜撑的做法，在较为局促的山地上争取到更多的使用空间，充分利用了原有地形的高差。

③依山就势，嵌入山体

风景园林建筑体量嵌入山体最直接的做法是将建筑局部或全部置于原有地面标高以下。根据山地地段形态的不同，具体的处理手法也有不同的变化。具体的处理手法根据山地地形的不同而有所区别。有的风景园林建筑依附山体自然凹陷所形成的空间，比如山洞，使建筑体量正好填补山洞的空缺，也有的风景园林建筑在山地的自然坡面上开凿洞穴，并在坡面上为地下的风景园林建筑设置自然采光。如在凹型地段，风景园林建筑背靠环绕凹型地段的上部坡面布置，屋顶覆盖上部地面的凹陷范围并与上部坡面形成一个整体，就是传统风景园林建筑中巧于因借的做法。

（3）山地环境中的风景园林建筑设计方法

①嵌入山体的设计方法

这种方法是使风景园林建筑的面尽可能多地依靠于山体，如在标高落差较大的坎状地形上，一般是背靠山体，使山体直接充当风景园林建筑的部分墙体，若是有更有利的条件，比如在山体凹陷处，就可以将风景园林建筑最多的面嵌入其中，此时山体不仅可以充当建筑墙面，还可以充当建筑的屋顶，使风景园林建筑看起来像是镶嵌在山体中一样。

②建筑浮空的设计方法

风景园林建筑浮空的方法可以是建筑底层架空，也可以是建筑局部悬挑。底层架空的风景园林建筑选址可以在较平缓的地段，也可以在较陡峭的地段，但是局部悬挑的风景园林建筑一般要在坡度较陡、比较险峻的地段，悬挑与风景园林建筑主体部分的地面要有一定的高差，如果地势平缓，悬挑的部分就失去了险峻感，没有了意义。

2. 滨水环境与风景园林建筑

（1）滨水环境特点

①动态水体的场所特征

水的一个重要特征就是"活"与"动"。动态水体与风景园林建筑的有机结合，使建筑环境更加丰富、生动。水的虚体质感与建筑的实体质感可以形成感官上的对比。对于动态水，常利用其水声，衬托出或幽静或宏伟的空间氛围和意境。另外，在自然界大型的天然动态水景区中，建筑常选在合适的位置，并采用借景的手法。

②静态水体的场所特征

静态水体的作用是净化环境，倒映建筑实体的造型、划分空间、扩大空间、丰富环境色彩、增添气氛等。在静态水与风景园林建筑的关系上，建筑或凌驾于水面之上，或与水面邻接，或以水面为背景。自然中的静态水增添了环境的幽雅，与充足的阳光相交融，给人们提供了充满自然气息和新鲜空气的健康环境。静态水以镜面的形式出现，反衬出风景园林建筑环境中的丰富造型和色彩变化，并且创造了宁静、丰富、有趣的空间环境，在改善环境小气候、丰富环境色彩、增加视觉层次、控制环境气氛等方面也起到了特有的作用。虚涵之美是静水的主要特点，平坦的水面与建筑的形体存在统一感，因而在特定的空间内可以相互协调。

③水的景观特性

水的可塑性非常强，这是由它的液体状态决定的，所以水要素的形态往往和地形要素结合在一起，有高差的地形能形成流动的水，譬如溪流或是瀑布；平坦或凹地会形成平静的水面。

水的景观特性还表现在它的光影变化。一是水面本身的波光，荡漾的水波使水面上的建筑得到浮游飘洒的情趣；二是对水体周围景物的反射作用，形成倒影，与实体形成虚实对比效果；三是波光的反射效果，光通过水的反射映在天棚、墙面上，具有闪光的装饰效果。

另外，水的流动性决定了它在风景园林建筑中的媒介作用，水能自然地贯通室内外空间，使风景园林建筑内部空间以多层次的序列展开。

（2）风景园林建筑与水体的结合方式

风景园林建筑与水体不同的结合方式，会展现出两者不同的融合态势，产生的整体效果也会大相径庭，因此风景园林建筑与水体的结合在一定程度上决定了建筑形象的塑造。一般来说，建筑与水体的结合方式有踞于水边、直接临水、浮于水面、环绕水面等几种。

①踞于水边

风景园林建筑与水体有一段距离，并不与水体直接相连。风景园林建筑往往把最利于观景的一面直接面向水体方向，以加强与水体景观的联系与渗透。风景园林建筑与水体之间的空间可以处理成人工的活动空间也可以保持原有的生态状态，目的是促进风景园林建与水体更好地融合。

②直接临水

风景园林建筑以堤岸为基础，建筑边缘与水体常直接相连，建筑与水面之间一般设有平台作为过渡，增加凌波踏水的情趣和亲切感。通常临水布置的风景园林建筑，宜低平舒展地向水平方向延伸，以符合水景空间的内在趋势。中国传统建筑直接临水的部位往往透空，设置坐板和向外倾斜的扶手围栏供人依靠，使整体建筑造型获得轻盈飘逸的气质。

③浮于水面

风景园林建筑体量浮空于水面之上是滨水建筑十分典型的处理手法，以此来满足人们亲水的需求。我国干阑式民居就是这种处理方式，用柱子直接把建筑完全架空。从很多实例中可以发现，浮空于水面的小品建筑大部分表现出轻灵通透的特征，有些是采用架空的方式，通过用纤细的柱子与厚实的屋顶对比而产生，有的则是采用悬挑的方式，把建筑的一部分直接悬挑于水面之上，并配以简洁的形体，纯净的色彩以及玻璃的运用，这种现代的手法在造型上给人更强的力度感和漂浮感，材料与色彩的选用都与纯净透明的水体相呼应，产生了很好的融合效果。在踞于水边或临于水边的结合方式中也常见这种方式。这种做法克服了水面的限制，使风景园林建筑与水体局部交织在一起，上部实体和下部的空透所形成的虚实对比使风景园林建筑获得了较强的漂浮感。

④环绕水面

环水建筑通常是风景园林建筑设置在水域中的孤岛上，作为空旷水域空间的中心，建筑围水而建，其特点是以水景为中心，利用建筑因素构成自然风景环境中的小环境。

（3）滨水环境中风景园林建筑的设计方法

①建筑浮空的设计方法

在滨水环境中使风景园林建筑浮空主要是体现建筑空灵轻盈的感觉，一般有两种方法：底层架空与局部悬挑。若是水边的傍水风景园林建筑底层架空，水岸的地形一般会有起伏，底层架空空出下部空间，使水面的虚无之感延续到岸边陆地；若使风景园林建筑凌空于水面之上，则要将建筑全部伸入水中，底层架空，用柱子等支撑，且建筑体量不宜过大，否则会有沉重感，建筑围护结构最好采用透明材料或尽量减少围护结构，形成通透之感，与水面呼应。

局部悬挑的方法一般是风景园林建筑主体临水，但悬挑部分伸入水面上空，形成亲水空间。

②模拟物象的设计方法

波光粼粼的水面常会使人产生各种美好的联想。建于滨水环境中的风景园林建筑可以在造型处理上模拟某种与水有关的物体，使人很容易就产生联想。在湖边的风景园林建筑可以模仿船的形态。

3. 植物景观要素与风景园林建筑

（1）风景园林建筑布局与植物要素的呼应

在风景园林建筑的设计中，应尽量维持植物的生态性，建筑布局应尽量减少对植被和树木的破坏。比如，在风景园林建筑设计中遇到需要保护的古木，可将建筑布局绕开或将古木组合在建筑其中，这种退让既保护了植物的生态性，又使风景园林建筑的空间布局灵活而富有人情味。处于林地或植物要素密集地段环境中的风景园林建筑更应注意对植物生态系统的保护和利用。这种地段往往空间局促，这就需要设计者在创作过程中尽可能高效地利用营造空间，较少地砍伐树木或破坏植被，以维持原有生态系统的完整性。因此，风景园林建筑平面布局应尽量采用紧凑集中的布局形式，尽量避免占地面积过大的分散式布局，以减少被伐树木。

除此之外，还可以采用其他的方法来满足风景园林建筑对林地环境的适应性。比如，使用架空底部的建筑形式，减少建筑与地面的接触，以保留植被，同时能减少土方的挖掘，减少地表的障碍，以便使地面流水穿过平台下面的地面排走，这种形式对体量较小、功能较单一的风景园林建筑来说非常适合，同时体现了对自然场所生态系统的尊重，能达到风景园林建筑与自然风景环境和谐共生的目的。

（2）利用植物建构风景园林建筑空间主题

作为构成风景园林的基本要素之一，植物常常被用来作为建构风景园林建筑空间主题的重要手段。这在我国古典园林中非常常见，并且一直被沿用至今，在现代风景园林的景观塑造中，常常起到画龙点睛的作用，最常用的方法就是利用植物在中国传统文化中的寓意来确定风景园林建筑环境的意境，风景园林建筑的空间布局、整体形象及构景手法都围绕这一主题或意境来展开。

（3）绿化的景观性与风景园林建筑的植物化生态处理

这种手法的目的是在风景园林建筑外部形态上达到与自然的融合，可以在建筑的造型处理中，引入植物种植，如攀缘植物、覆土植物等。通过构架和构造上的处理，在风景园林建筑的屋顶或墙面上覆盖或点缀绿色植物，从而使构筑物隐匿于植物环境中，藏而不露，以最原始、最生态的外部形象与绿色自然环境相协调，这种方法适用于植物环境要求较高的地段。

风景园林建筑周边的绿化对建筑的环境景观性具有重大意义。绿篱可以划分出多种不同性质的空间，在建筑前面划分出公共外环境与室内环境之间的过渡空间，属于半私密性的区域，在建筑后面可划分出完全隐蔽的私密空间。藤本植物可以攀爬在建筑立面上，可以在建筑外墙上形成整片的绿壁，也可起到改善室内环境的作用。绿化的景观性必须结合树木和建筑来考虑，高大的树木既能柔和建筑物轮廓，又能通过与建筑物形体的对比和统一构成一系列优美的构图：低矮建筑配置高大树木会呈现出水平与垂直间的对比；低矮建筑配置低矮的树木，则体现了亲切舒缓的环境气氛。

（三）交通系统与风景园林建筑设计

1. 场地道路与建筑的关系

场地道路的功能、分类取决于场地的规模、性质等因素。一般中小型风景园林建筑场地中道路的功能相对简单，应根据需要设置一级或二级可供机动车通行的道路以及非机动车、人行专用道等；大型场地内的道路须依据功能及特征明确道路的性质，充分发挥各类道路的不同作用，组成高效、安全的场地道路网。场地内的道路可根据功能划分为场地主干道、场地次干道、场地支路、引道、人行道等。

场地道路的形态会影响风景园林建筑的布局。场地主干道是场地道路的基本骨架，通常交通流量较大、道路路幅较宽、景观要求较高。有时场地主干道的走向、线形等因素甚至能决定建筑的布局形态。场地次干道是连接场地次要出入口及其他组成部分的道路，它与主干道相配合。场地支路是通向场地内次要组成部分的道路，交通流量稀少，路幅较窄，一般是为保证风景园林建筑交通的可达性及消防要求而设置的。引道即通向建筑物、构筑物出入口，并与主干道、次干道或支路相连的道路。人行道包括独立设置的只供行人和非机动车通行的步行专用道、机动车道一侧或两侧的人行道，可与绿化、广场或绿化带相结合，形成较好的风景园林建筑景观。

2. 场地停车场与建筑的关系

停车场是指供各种车辆（包括机动车和非机动车）停放的露天或室内场所。停车场一般和绿化、广场、建筑物以及道路等结合布置，有两种类型：地面停车场和多层停车场。地面停车场构造简单，但占地较大，是一种最基本的停车方式。多层停车场是高层建筑场地中解决停车问题的主要方式，以有效减少停车场占用基地面积为目的，为其他内容留出更多余地，有效实现地面的人车分离，创造安全、安静、舒适的建筑环境。

停车场的布局可分为集中式和分散式两种：

①停车场的集中式布局有利于简化流线关系，使之更具规律性，易做到人车活动的明确区分，用地划分更加完整。其他用地可相应集中，有利于提高用地效率、形成明晰的结构关系。

②停车场的分散式布局可使场地交通的分区组织更明确，流线体系划分更细致具体，易于和场地中的其他形态相协调，提高了用地效益，但会增加场地整体内容组织形态的复杂程度。

停车场的布局是城市交通的重要组成部分，选址要符合城市规划的要求。机动车停车场的选址要和城市道路有便捷的连接，避免造成交叉口交通组织的混乱，从而影响干道上

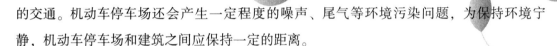

的交通。机动车停车场还会产生一定程度的噪声、尾气等环境污染问题，为保持环境宁静，机动车停车场和建筑之间应保持一定的距离。

3. 场地出入口与建筑的关系

风景园林建筑出入口在布局时要充分、合理地利用周围的道路及其他交通设施，以争取便捷的对外交通联系，同时应减少对城市干道交通的干扰。当场地同时毗邻城市的主干道和次干道时，应优先选择次干道一侧作为主要机动车出入口。根据有关规定，人员密集的建筑场地至少应有两个不同方向通向城市道路的出入口，这类场地或建筑物的主要出入口应避免布置在城市主要干道的交叉口。

第二节　风景园林建筑的内部空间设计

一、风景园林建筑的内部空间设计的主要内容

（一）空间组织

建筑一般由使用空间、辅助空间、交通联系空间三类空间组成。使用空间为起居、工作、学习等服务；辅助空间为加工、储存、清洁卫生等服务；交通联系空间为通行疏散服务。建筑的面积、层数、高度与建筑空间使用人数、使用方式、设备设施配置等因素有关。

建筑空间之间存在并列、主从、序列三种关系。如宿舍楼、教学楼、办公楼中的宿舍、教室、办公室，功能相同或相似，相互之间没有直接依存关系，属于并列空间关系；影剧院中的观众厅与门厅、休息廊等，商场中的营业厅与库房、办公管理用房等，图书馆中的目录厅与阅览室、书库等，功能上有明显的关联及从属关系，属于主从空间关系；交通建筑、纪念建筑、博览建筑等，空间上有明显的起始、过渡、高潮、终结等时序递进关系，属于序列空间关系。

建筑空间组织一般遵循功能合理、形式简明和紧凑等基本原则。空间组织有"点状聚合""线性排序""网格编组""层面叠加"四种方式。如观演建筑、体育建筑等即"点状聚合"；文教建筑、办公建筑、医疗建筑等多为"线性排序"和"层面叠加"；交通建筑、博览建筑、商业建筑等多为"网格编组"及"层面叠加"。

（二）流线组织

一般建筑空间中的流线主要有人流和货流两种类型。其中，人流活动呈通行、驻留、疏散三种方式及状态。一般情况下，人流通行由建筑的室外流向室内，交通联系空间及设备设施组织应当结合人流量、人流通行方向、人流活动规律及特点等因素考虑。紧急情况下，人流疏散由建筑的室内流向室外，疏散线路分为房间到房门、房门到走道及楼梯电梯出入口、走道及楼梯电梯出入口到建筑出入口三段设置，人流疏散时间取决于门厅位置、走道长度与宽度、坡道坡度与长度、楼梯电梯位置及数量等因素。

流线组织遵循明确、便捷、通畅、安全、互不干扰等原则。明确是指加强流线活动的方位引导；便捷与通畅即控制流线活动的长度和宽度；安全可以通过流线活动的硬件配置与软件管理得到保证；互不干扰指应当明确并区分流线活动内外、动静、干湿、洁污等关系，分别设置不同的空间及构件设施。

流线组织有枢纽式、平面式、立体式三种组织方式。

枢纽式组织主要进行门厅设计，涉及门廊或雨棚、过厅、中庭等空间设置问题，如过厅是门厅的附属空间，一般一幢建筑只有一个门厅，可以有若干过厅。

平面式组织主要进行走道设计及坡道设计。走道长度与人流通行疏散口分布、走道两侧采光通风口分布、消防疏散时间要求等因素有关；坡道一般为残疾人、老年人和儿童等特殊人群通行疏散，特殊车辆出入建筑提供服务。

立体式组织主要进行楼梯、电梯设计。

（三）结构构件设置

建筑实体构件按照功能作用，可划分为支撑与围护结构、分隔与联系构件等。基础、梁板柱所构成的框架、屋面等是建筑的支撑结构，发挥稳定建筑空间的作用；地面、外墙、屋顶等是建筑的围护结构，发挥围合、遮蔽建筑空间的作用；内墙、楼板等是建筑的分隔构件，具有分隔建筑空间的作用；门廊或雨棚、楼梯、坡道、阳台等是建筑的联系构件，具有联系建筑空间的作用；电梯、自动扶梯、水暖电管线及设备、燃气管线及设备等是建筑的设备设施配件，为人群活动提供服务，同时改善建筑空间性能及品质。

一般情况下，支撑结构、围护结构、分隔与联系构件由建筑师负责选型，完成材料及构造设计，再由结构工程师完成材料设计和力学计算；电梯、自动扶梯由机械工程师负责设备设计，由建筑师负责设备选型；给水排水、暖气通风、电力电信中的各种管线及设备，由水暖电工程师负责配置及设计。

（四）建筑空间形态控制

建筑空间形态控制主要包括建筑长度、宽度、高度等方面的内容。

单元空间中，单面通风采光的空间一般为开间/进深＝1∶1～1∶1.5，双面通风采光的空间层高/跨度一般为1∶1.5～1∶4。

建筑单体中，平面空缺率＝建筑长度/建筑最大深度，空缺率过大意味着建筑平面及立面凹凸变化过大，有利于建筑造型，但不利于建筑空间保温隔热及建筑用地合理使用。因此，设计师经常选取小面宽、大进深的单元空间进行空间组合。其中最为合理的单元空间立面高宽比＝建筑高度/宽度＝1∶0.618，符合黄金分割比例。因此，设计师经常通过调整建筑立面高宽比，以及建筑立面视角、视距关系等进行建筑形态控制。

建筑群体当中，展开面间口率（建筑群立面空隙总宽度/建筑群立面总长度）＝6%～7%，间口率的大小与建筑单体变形缝设置、建筑群体之间与墙面防火间距要求等因素有关。间口率过大意味着建筑群体关系松散，有利于建筑群体立面及轮廓线变化，但不利于建筑用地合理使用。山墙面间距控制涉及建筑日照间距、通风间距、防火间距等问题，建筑日照间距及通风间距一般决定建筑山墙面的高距比，建筑日照间距（建筑山墙面高度/山墙面间距）1∶0.8～1∶1.8，建筑通风间距（山墙面高度/山墙面间距）1∶1.5～1∶2.0；建筑防火间距有6米、9米和13米三种要求，即高层建筑之间为13米，高层建筑与多层建筑、低层建筑之间为9米，低层建筑之间为6米。

二、风景园林建筑的空间处理手法

在风景园林建筑设计中，为了丰富空间的美感，往往需要采用一系列空间处理手法，创造出"大中见小，小中见大；虚中有实，实中有虚；或藏或露，或浅或深"的富有艺术感染力的风景园林建筑空间。与此同时，还须运用巧妙的布局形式将这些有趣的空间组合成为一个有机的整体，以便向人们展示出一个合理有序的风景园林建筑空间序列。

（一）风景园林建筑空间的类型

风景园林建筑空间的组合，主要依据总体规划上的布局要求，按照具体环境的特点及使用功能上的需要而采取不同的方式。风景园林建筑空间形式概括起来有以下几种基本类型：

1. 内向空间

这是一种建筑、走廊、围墙四面环绕，中间为庭院，以山水、小品、植物等素材加以点缀而形成的一种内向、静雅的空间形态。这种空间里最典型的就是四合院式。我国的住宅，从南到北多采用这种庭院式的布局。由于地理气候上的差异，南方的住宅庭院布局比较机动灵活，庭院、小院、天井等穿插布置于住房的前后左右，室内外空间联系十分密切，有的前庭对着开敞的内厅，室外完全成为内部空间延伸的一个组成部分。为防止夏季日晒，庭院空间进深一般较小。北方典型的四合院或庭院一般比较规整，常以中轴线来组织建筑物以形成"前堂后寝"的格局，主要建筑都位于中轴线上，次要建筑分立两旁。设计者用廊、墙等将次要建筑环绕起来，根据需要组成以纵深配置为主、以左右跨院为辅的院落空间。北方庭院为争取日照，院落比南方的大。这种布局形式当然也很符合长幼有序、内外有别、主从关系分明的封建宗法观念和宗族制度的需要。

我国的私家园林，都是在这种住宅庭院基础上进一步延伸和扩大的。如江南园林中常在有限的空间内创造许多幽静的环境，特别是在园林中用来居住、读书、会客、饮宴的部分，常组成相对独立的安静小院，以满足使用与心理上的需要。北方的皇家园林，当位于宫城内时，由于基地范围有限，缺乏开阔自然的环境，多组成较封闭的内向空间，以山石、植物的不同布局来寻求空间组合上的变化。

内向空间按照大小与组合方式的不同，又可分为"井""庭""院""园"四种基本形式。

①井即天井。一般其深度比建筑的高度小，其作用以采光、通风为主，人不进出。常位于厅、室的后部及边侧或游廊与墙的交界处所留出的一些小空间，在其内适当点缀山石花木，在白墙的衬托下也能获得生动的视觉效果。

②庭即庭院。以其位置的不同可分为前庭、中庭、后庭、侧庭等。庭的深度一般与建筑的高度相当或稍大。这种庭院空间一般都从属于一个主要的厅堂，庭院四周除主要厅堂外以墙垣、次要房屋、游廊环绕。庭院内部可布置树木、花卉、峰石，一般不放置水池。

③院即一种具有小园林气氛的院落空间。范围比庭大，以墙、廊、轩、馆等建筑环绕，平面布局上灵活多样。院内以山石花木、小的水面、小型的建筑物组成有一定空间层次的景观。在主要空间的边侧部位偶尔分离出一些小空间，以形成主次空间的对比。

④园是院落的进一步扩大。园一般以水池为中心，周围布置建筑、山石、花草树木，空间较为开阔，布局灵活变化，空间层次较多，但基本上仍是建筑物所环绕起来的小园林，是建筑空间中的自然空间。许多小型私家园林，以及一些大型园林中的"园中园"都属于这种形式。

2. 外向空间

这种空间最典型的是建于山顶、山脊、岛屿、堤岸等地的风景园林建筑所形成的开敞空间类型。这类建筑物常以单体建筑的形式布置于具有显著特征的地段上，起着点景和观景的双重作用。由于是独立建置，建筑物完全融合于自然环境之中，四面八方都向外开敞，在这种情况下，建筑布局主要考虑的是如何取得建筑美与自然美的统一。这类建筑物随着环境的不同而采取不同的形式，但都是一些向外开敞、通透的建筑形象。例如，临湖地段由于面向大片水面，常布置亭、榭、舫、桥、亭等比较轻盈活泼的建筑形式，基址三面或四面伸入水中，使与水面更紧密地结合，既便于观景，又成为水面景观的重要点缀。

山顶、山脊等地势高敞地段，由于空间开阔，视野展开面大，因此常建亭、楼、阁等建筑，并辅以高台、游廊组成开敞性的建筑空间，可用来登高远望，四面环眺，欣赏周围景色。在山坡与山麓地带的建筑多属这种形式。在地势有较大起伏的情况下，常以叠落的平台、游廊来联系位于不同标高上的两组游赏性建筑物。两头的景观特点可以有所不同，可以用各种的开敞性建筑组成景观的停顿点，使得从游廊的这一头到那一头可以进行动态的观赏，获得步移景异的变化效果。这种开敞性建筑群的布局通常是十分灵活多变的，建筑物参差错落的形态与环境的紧密结合能取得十分生动的构图效果。围绕水面、草坪、树木、休息场地布置的游廊、敞轩等建筑物，也常取开敞性的布局形式，以取得与外部空间的紧密联系。

总之，开敞性的外向风景园林建筑空间最常出现在自然风景园林和结合真山真水的大型园林中，而在一些范围较小的私家园林中较少应用，但偶尔也可见到。

3. 内外空间

通常，由风景园林建筑所创造出的空间形态，运用最多的是内外空间。这类空间兼有内向空间与外向空间两方面的优点，既具有比较安静、以近观近赏为主的小空间环境，又可通过一定的建筑部位观赏到外界环境的景色。造型上有闭有敞而虚实相间，形成富有特色的建筑群体。建筑布局多根据地形地貌的特征，自由活泼地布置，一般把主体建筑布置于重点部位，周围以廊、墙及次要建筑相环绕。这种空间形态讲究内外空间流通渗透，布局轻巧灵活，具有浓厚的风景园林建筑气息。

（二）风景园林建筑空间的处理手法

人们在园林中游赏时对客观环境所获得的认识和感受，除了山水、花木、建筑等实体的形象、色彩、质感外，主要是视域范围内形成的空间给予的，不同的空间产生不同的情感反应。在风景园林建筑设计中，依据我国传统的美学观念与空间意识（美在意境，虚实相生，以人为主，时空结合）总是把空间的塑造放在最重要的位置上。当建筑物作为被观赏的景观时，重在其本身造型美的塑造及其与周围环境的配合；而当建筑物作为围合空间的手段和观赏景物的场所时，侧重点在建筑物之间的有机结合与相互贯通，侧重在人、空间、环境的相互作用与统一。风景园林建筑正是受这种思维模式的影响，创造出了丰富变幻的空间形式，这些美妙空间的形成得益于灵活多样的空间处理手法，它们主要包括空间的对比、空间的渗透以及空间的序列几方面。

1. 空间的对比

为创造丰富变化的景观和给人以某种视觉上的感受，中国风景园林建筑的空间组织经常采用对比的手法。在不同的景区之间，两个相邻而内容又不尽相同的空间之间，一个建筑组群中的主次空间之间，都常形成空间上的对比。其中主要包括空间大小的对比、空间虚实的对比、次要空间与主要空间的对比、幽深空间与开阔空间的对比、空间形体上的对比、建筑空间与自然空间的对比等。

（1）空间大小的对比

将两个显著不同的空间相连接，由小空间进入大空间以衬得后者更为宽敞的做法，是风景园林空间处理中为突出主要空间而经常运用的一种手法。这种小空间既可以是低矮的游廊，小的亭、榭，小院，也可以是一个以树木、山石、墙垣所环绕的小空间，其位置一般处于大空间的边界地带，以敞口对着大空间，以取得空间的连通和较大的进深。当人们处于一种空间环境中时，总习惯于寻找到一个适合于自己的恰当的"位置"，在风景园林环境中，游廊、亭轩的座凳，树荫覆盖下的一块草坪，靠近叠石、墙垣的座椅，都是人们乐于停留的地方。人们愿意从一个小空间中去看大空间，愿意从一个安定的、受到庇护的小环境中去观赏大空间中动态的、变化着的景物。因此，风景园林中布置在周边的小空间，不仅衬托和突出了主体空间，给人以空间变化丰富的感受，而且能满足人们在游赏中心理上的需要，因此这些小空间常成为风景园林建筑空间处理中比较精彩的部分。

空间大小对比的效果是相对的，它是通过大小空间的转换，在瞬间产生强烈的大小对比，使那些本来不太大的空间显得特别开阔。

（2）空间形状的对比

风景园林建筑空间形状对比，一是单体建筑之间的形状对比，二是建筑围合的庭院空间的形状对比。形状对比主要表现在平面、立面形式上的区别。方和圆、高直与低平、规则与自由，在设计时都可以利用这些空间形状上互相对立的因素来取得构图上的变化，突出重点。从视觉心理上说，规矩方正的单体建筑和庭园空间易于形成庄严的气氛，而比较自由的形式，如三角形、六边形、圆形和自由弧线组合的平面、立面形式，则易形成活泼的气氛。同样，对称布局的空间容易给人以庄严的印象，而不对称布局的空间则多为一种活泼的感受。庄严或活泼，主要取决于功能和艺术意境的需要。传统私家园林，主人日常生活的庭院多取规矩方正的形状，憩息玩赏的庭院则多取自由形式。从前者转人后者时，由于空间形状对比的变化，艺术气氛突变而倍增情趣。形状对比需要有明确的主从关系，一般情况主要靠体量大小的不同来体现。如北海公园里的白塔和紧贴白塔前面的重檐琉璃佛殿，体量上的大与小、形状上的圆与方、色彩上的洁白与重彩、线条上的细腻与粗犷，对比都很强烈，艺术效果极佳。

(3) 空间明暗虚实的对比

利用明暗对比关系以求空间的变化和突出重点，是风景园林建筑空间处理中常用的手法。在日光作用下，室外空间与室内空间存在着明暗不一的现象，室内空间愈封闭则明暗对比愈强烈，即使是处于室内空间中，由于光的照度不均匀，也可以形成一部分空间和另一部分空间之间的明暗对比关系。在利用明暗对比关系上，风景园林建筑多以暗处的空间为衬托，明亮的空间往往为艺术表现的重点或兴趣中心。

我国传统的风景园林空间处理中常常利用天然或人工洞穴所造成的暗空间作为联系建筑物的通道，并以之衬托外面的明亮空间，通过这种一明一暗的强烈对比，在视觉上可以产生一种奇妙的艺术情趣。有时，风景园林建筑空间的明暗关系又同时表现为虚实关系。例如，墙面和洞口、门窗的虚实关系，在光线作用下，从室内往外看，墙面是暗，洞口、门窗是明；从室外往里看，则墙面是明，洞口、门窗是暗。风景园林建筑中非常重视门窗洞口的光线对比，着重借用明暗虚实的对比关系来突出艺术意境。

风景园林建筑中池水与山石、建筑物之间也存在着明与暗、虚与实的关系。在光线作用下，水面有时与山石、建筑物比较，前者为明，后者为暗，但有时又恰恰相反。在风景园林建筑设计中可以利用它们之间的明暗对比关系和形成的倒影、动态效果创造各种艺术意境。室内空间，如果大部分墙面、地面、顶棚均为实面处理（采用各种不透明材料做成的面），而在小部分地方采用虚面处理（采用空洞或玻璃等透明材料做成的面），就可以通过虚实的对比作用，将视觉重点集中在面处理部位，反之亦然。但若虚实各半则会造成视觉注意力分散失去重点而削弱对比的效果。

空间的虚实关系，也可以扩大理解为空间的围放关系，围即实，放即虚，围放取决于功能和艺术意境的需要。若想在处理空间围放对比时取得空间构图上的重点效果，形成某种兴趣中心，就要尽量做到围得紧凑、放得透畅，并需要在被强调突出的空间中，精心布置景点。

(4) 建筑与自然景物的对比

在风景园林建筑设计中，严整规则的建筑物与形态万千的自然景物之间包含着形、色各种对比因素，可以通过对比突出构图重点获得景效。建筑与自然景物的对比，也要有主有从，或以自然景物烘托突出建筑，或以建筑烘托突出自然景物，使两者结合成为协调的整体。有些用建筑物围合的庭院空间环境，如池沼、山石、树丛、花木等自然景物是赏景的兴趣中心，建筑物反而成了烘托自然景物的屏壁或背景。

　　风景园林建筑空间在大小、形状、明暗、虚实等方面的对比手法，经常互相结合，交叉运用，使空间有变化、有层次、有深度，使建筑空间与自然空间有很好的结合与过渡，以达到风景园林建筑实用与造景两方面的基本要求。

　　2. 空间的渗透

　　在风景园林建筑空间处理时，为了避免单调并获得空间的变化，常常采用空间相互渗透的方法。人们观赏景色，如果空间毫无分隔和层次，无论空间有多大，都会因为一览无余而感到单调、乏味；相反，置身于层次丰富的较小空间中，如果布局得体能使人获得众多美好的画面，则会使人在目不暇接的视觉感受过程中忘却空间的大小限制。因此，处理好空间的相互渗透，可以突破有限空间的局限性取得大中见小或小中见大的变化效果，从而得以增强艺术的感染力。如我国古代有许多名园，占地面积和总的空间体量并不大，但因能巧妙使用空间渗透的处理手法，造成比实际空间要广大得多的错觉，给人的印象是深刻的。处理空间渗透的方法概括起来有以下两种：

　　（1）相邻空间的渗透

　　这种方法主要是利用门、窗、洞口、空廊等作为相邻空间的联系媒介，使空间彼此渗透，增添空间层次。渗透运用主要有以下手法：

　　①对景，指在特定的视点，通这门、窗、洞口，从一个空间眺望另一空间的特定景色。对景能否起到引人入胜的诱导作用与对景景物的选择和处理有密切关系，所组成的景色画面构图必须完整优美。视点、门、窗、洞口和景物之间为一固定的直线，形成的画面基本上是固定的，可以利用窗、洞口的形状和式样来装饰画面。门、窗、洞口的式样繁多，采用何种式样和大小尺寸应服从艺术意境的需要，切忌公式化随便套用。此外，不仅要注意"景框"的造型轮廓，还要注意尺度的大小，推敲它们与景色对象之间的距离和方位，使之在主要视点位置上能获得最理想的画面。

　　②流动景框，指人们在流动中通过连续变化的"景框"观景，从而获得多种变化着的画面，取得扩大空间的艺术效果。在陆地上由于建筑物不能流动，要达到这种观赏目的，只能在人流活动的路线上，通过设置一系列不同形状的门、窗、洞口去摄取"景框"中的各种不同画面。

　　③利用空廊互相渗透。廊不仅在功能上能够起交通联系的作用，也可以作为分隔建筑空间的重要手段。用空廊分隔空间可以使两个相邻空间通过互相渗透把对方空间的景色吸

收进来以丰富画面，增添空间层次和取得交错变化的效果。如广州白云宾馆底层庭院面积不大，但在水池中部增添了一段紧贴水面的桥廊，把它分隔为两个不同组景特色的水庭，通过空廊的互相借景，增添了空间的层次，取得了似分似合、若即若离的艺术情趣。用廊分隔空间形成渗透效果，要注意推敲视点的位置、透视角度、廊的尺度及其造型的处理。

④利用曲折、错落等变化增添空间层次。在风景园林建筑空间组合中常常采用高低起伏的曲廊、折墙、曲桥、弯曲的池岸等手法来化大为小分隔空间，增添空间的渗透与层次感。同样，在整体空间布局上也常把各种建筑物和园林环境加以曲折错落的布置，以求获得丰富的空间层次和变化。特别是在一些由各种厅、堂、榭、楼、院单体建筑围合的庭院空间处理上，如果缺少曲折错落的安排则无论空间多大，都势必造成单调乏味的弊病。错落变化时不可为曲折而曲折，为错落而错落，必须以功能合理、视觉景观上能获得优美画面和高雅情趣为前提。为此，设计时需要认真仔细推敲曲折的方位角度和错落的距离、高度、尺寸。

（2）室内外空间的渗透

建筑空间室内室外的划分是由传统的房屋概念形成的。所谓室内空间一般指具有顶、墙、地面围护的内部空间，在它之外的称作室外空间。通常的建筑，空间的利用重在室内，但对于风景园林建筑，室内外空间都很重要。按照一般概念，在以建筑物围合的庭院空间布局中，中心的露天庭院一般被视为室外空间，四周的厅、廊、亭、榭被视为室内空间；但从更大的范围看，也可以把这些厅、廊、亭、榭视如围合单一空间的手段，用它们来围合庭院空间，亦即形成一个更大规模的半封闭（没有顶）的"室内"空间。而"室外"空间相应是庭院以外的空间了。同理，还可以把由建筑组群围合的整个园内空间视为"室内"空间，而把园外空间视为"室外"空间。扩大室内外空间的含义，目的在于说明所有的建筑空间都是采用一定手段围合起来的有限空间。室内室外是相对而言的，处理空间渗透的时候，可以把"室外"空间引入"室内"，或者把"室内"空间扩大到"室外"，在处理室内外空间的渗透时，既可以采用门、窗、洞口等"景框"手段，把邻近空间的景色间接地引入室内，也可以采取把室外的景物直接引入室内，或把室内景物延伸到室外的办法来取得变化，使园林与建筑能交相穿插，融合成为有机的整体。

总之，借景是中国风景园林建筑艺术中特有的一种手法，如果运用恰当，必将收到事半功倍的艺术效果。

3. 空间的序列

任何风景园林建筑，若要证明它置身于优秀建筑的行列是当之无愧的，它的外观和内景对于有敏锐审美能力和有观赏兴趣的观者来说，就应是一个独特的、连续不断的审美体验。所以，作为空间艺术的风景园林建筑，同时也是时间艺术；园林建筑作为一个审美的实体，如同它存在于空间那样，也存在于时间之中。时间和空间一起，构成了人类生活的必要条件。当人们处于园林环境中时，单调而重复的视觉环境，必然令人产生心理上的厌倦，造成枯燥乏味的感觉。人们偏爱空间的丰富变化，以引起兴趣和好奇心。因此，园林空间的组织就要给人们的这种心理欲望以某种必要的满足。精心地组织好空间的序列，就是经常采用的一种设计手法。

将一系列不同形状与不同性质的空间按一定的观赏路线有秩序地贯通、穿插、组合起来，就形成了空间上的序列，序列中的一连串空间，在大小、纵横、起伏、深浅、明暗、开合等方面都不断地变化着，它们之间既是对比的，又是连续的。人们观赏的园林景物，随时间的推移、视点位置的不断变换而不断变化。观赏路线引导着人们依次从一个空间转入另一个空间。随着整个观赏过程的发展，人们一方面保持着对前一个空间的记忆，一方面又怀着对下一个空间的期待，最终的体验由局部的片段逐步叠加，汇集成为一种整体的视觉感受。空间序列的后部都有其预定的高潮，而前面是它的准备。设计师按风景园林建筑艺术目的，在准备阶段使人们逐渐酝酿一种情绪、一种心理状态，以便使作为高潮的空间最大限度地发挥艺术作用。

中国古代建筑的结构没有能力把一系列空间覆盖在一幢建筑物里。同时，中国的风景园林建筑是穿插、点缀在自然环境之中，建筑的内部空间与外部空间总是彼此渗透、相互交融的。因此，中国风景园林建筑的空间序列，是一连串室内空间与室外空间的交错，包含着整座园林，层次多、序列长、曲折变化、幽深丰富。风景园林建筑序列的表现形式分为规则式与不规则式两种基本类型。

（1）对称规则式。以一根主要的轴线贯穿其中，层层院落依次相套地向纵深发展，高潮出现在轴线的后部，或者位于一系列空间的结尾处，或者在高潮出现之后还有一些次要的空间延续下去，最后才有适当的结尾。我国古代的宫殿、庙宇、住宅一般都采取这种空间组合形式，建在园林中的这类型的建筑其空间序列大体也是如此。

（2）不对称自由式。以布局上的曲折、迂回见长，其轴线的构成具有周而复始、循环不断的特点。在其空间的开合之中安排有若干重点的空间，而在若干重点中又适当突出某一重点作为全局的高潮。这种形式在我国风景园林建筑空间中大量存在，是最常见的一种空间组合形式，但它们的表现又是千变万化的。典型的实例如苏州的留园，其入口部分的空间序列，其轴线的曲折、围透的交织、空间的开合、明暗的变化，都运用得极为巧妙。它从园门入口到园林内的主要空间之间，通过恰当高明的建筑空间处理手法，化不利因素为有利因素，把两侧有高墙夹峙的，由门厅、南道分段连续而成的建筑空间，营造成大小、曲直、虚实、明暗等不同空间效果的对比，使人在通过"放—收—放""明—暗—明""正—折—变"的空间体验之后，更感到山池立体空间的开阔、明暗。虽然这是个幽深、狭长的空间，当你游览其中时却不单调，不沉闷，不感到被人捉弄，反而空间总是在引导着你、吸引着你，让你抱着逐步增强的期待心理，去迎接将会出现的高潮。显然，这种通过充分的思想酝酿和情绪的准备所获得的景观效果，与没有这种酝酿和准备所获得的景观效果是极为不同的。

然而，就皇家园林和大型私家园林整体而言，风景园林建筑空间组织并非上述某一种序列形式的单独应用，往往是多种形式的并用。如颐和园前山排云殿佛香阁为典型串联的规则式空间序列，园中园谐趣园为典型的不对称自由式空间序列；大型私家园林苏州留园中，风景园林建筑构成的空间序列也是多个形式不同的"子序列"互相结合而成。这些园林自入口到中部近似为对称规则式序列，中部以水面为中心近似构成不对称自由序列。由此可见，大型园林中的风景园林建筑构成的空间序列实际是一种综合式空间，是几种"子序列"的综合应用，所以往往有多种游览路线的组织方式。

综上所述，为了增强意境的表现力，风景园林建筑在组织空间序列时，应该综合运用空间的对比、空间的相互渗透等设计手法，并注意处理好序列中各个空间在前后关系上的连接与过渡，形成完整而连续的观赏过程，获得多样统一的视觉效果。

思考题

1. 风景园林建筑场地设计的内容与特点是什么？
2. 风景园林建筑外部环境设计的基本原则是什么？
3. 风景园林建筑外部环境设计的具体方法是什么？
4. 风景园林建筑内部空间设计的主要内容有哪些？

第六章 传统文化语境下风景园林建筑设计

风景园林设计作品的内核始终包含着文化的继承和超越，本质是创造。文化的回归就是为了有目的地创造和前进。随着世界性文化融合与全球一体化进程的发展，当代设计作品的内容与形式趋同。对传统的解读和地域文化的表达成为当今风景园林设计探讨的重要内容。

学习目标

1. 学习传统文化语境下风景园林建筑设计的传承相关理论。
2. 学习传统文化语境下的风景园林景观设计的创新知识。
3. 了解现代风景园林建筑设计及其未来发展趋势。

第一节　传统文化语境下风景园林建筑设计的传承

一、传承传统园林景观设计语言的困难

（一）传统艺术观念与现代知识转向方面的矛盾

中国的艺术设计风格与西方明显不同，西方艺术追求理性风格和逻辑风格的展示，而中国艺术更侧重对艺术感性与感悟的展示，属于感悟意识形态。所以，中国园林艺术难以像西方艺术一样进行逻辑分类，科学与理性的体现不能作为该艺术创造的基础，也不能被纳入逻辑实证框架。由于中国的古老艺术并没有因为时间的跨度而发生实质性改变，也不存在艺术断裂层，所以中国人的艺术审美仍然保持着固有惯性。但从"知识学"角度看，中国现代艺术原理遭遇了颠覆性改变，不少设计师会感到茫然无措，陷入了生搬硬套的拿来主义中，这就造成了艺术原理传承中的"真空区"。

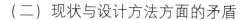

（二）现状与设计方法方面的矛盾

中国的园林设计理念的初衷在于人为环境中营造出模仿大自然的环境与情境，充分展开人与自然的和谐交流，其基本的设计方法是在现场真实场景中构思设计方案及制作模型。中国传统园林特征的形成与这种设计方法是密切相关的。但目前被王绍增称为"时空设计法"的设计方法同中国的行业现状有一定的矛盾。

一是实际效率偏低。在现实场地进行环境考察，并做出相应定位，通过抽象思维方法对空间进行布局设计，做出景物排布框架，这是一种充分考虑了主体与客体间相互关系的设计方法，便于创造人与环境融合的真实场景和刻意安排空间关系。然而，没有直观图纸为样本，只凭借设计师口头指点，或者依靠自己的实践摸索，难以形成团队式操作模式，不易进行合理的分工，在方案实施中难以形成有序发展模式，中间环节也缺乏有效的衔接。这与当前中国快速城市化的现状相悖，难以适应当下经济效益和速度效率的需求。相比较而言，西方主体与客体相分离的图面设计法虽然有把设计者引导到孤立、静态、片面的倾向，但其高效的特点正符合现在的技术和社会条件，所以一时找不到比图面设计法更有效的方法。

二是难以进行量化设计。对工程总量、造价、投资力度及收益等方面难以进行直观评估，招标条件不明确，容易造成效率过低。如果园林设计作为艺术设计作品完成，上述问题不会造成明显影响，但会对社会环境造成明显的困扰和阻碍。

（三）现代园林与传统理法方面的矛盾

中国传统园林原型展开的空间结构及内向型空间布局需要依靠大量的建筑或墙体得以形成，这就与现代园林景观的功能存在很大的矛盾。

首先，现代园林景观常常用植物造景，建筑的量在总体布局上难以形成传统园林的那种空间结构，很难形成山环水、水环山，或是水环建筑/建筑又环水的空间格局。经过大量的实践过程，20 世纪 70 年代出现了"园中园"的设计手法。

其次，现代园林景观为满足大多数人的使用功能需求，需要设置开敞性的空间，这样既便于开展各项户外与交流活动，又便于人群的疏散。此外，一定面积的绿地开敞型空间在发生自然灾害或人为灾害时，能够成为人们的紧急避难场所。这些现代景观的功能需求与传统园林的空间结构会产生一定的矛盾，随着空间开敞性的增加，势必会使视线开阔，难以形成传统园林的视线结构。

最后，规范的限制。现代园林景观的园路设置有一定的规范，一级园路要够一定的宽度，要求流畅并满足消防安全。

所以，对于公园性质的园林景观，总体结构上采用惯有的传统园林的曲折的游览线路结构是不可行的。但是，中国传统园林的空间结构是富有弹性空间的结构，需要使用者充分挤压和填充，以便增加继承传统园林的可能性。

二、传承传统园林设计语言的方法

传统园林文化所面临的问题与困境是如何传承与创新，而不仅是宣传语言和美好的愿望。仔细分析与考量后便会发现，以上所述的矛盾并非完全不可调和的。艺术、美学、科学技术、生态主义无形中为本土化景观构建了较为完整的结构体系，但多元化发展需要有个重要的前提，即充分利用场地现有资源，尊重场地既符合节约型园林的要求，又符合生态园林的要求，而这个前提与传统园林相左。设想，如果区域没有任何文化资源，或场地是风景名胜区，依然提倡的艺术、美学、科学技术、生态主义等是否还可行。在不照抄传统园林空间布局、堆山理水等具体手法的前提下，对某个空地延续传统园林的设计语言，未必会比现代园林景观节约，而在风景名胜区，传统园林的设计语言则比目前任何一种西方现代园林设计语言更加符合中国的文化传承和生活风俗。由此可见，传统园林文化和设计语言的延续主要在于如何将其转化成现代景观的设计语言。

（一）分解转化

对传统园林景观的阅读不是简单的描写临摹，而是试图通过分解其结构获得新的组织和行为方式，从中得到某种结果，这便是分解转化。由皮尔士的看法得出，图解是其图像符号，即第一性中的第二个阶段。假如面对一个再现媒介，如一张画，不关注其细节，而通过分析其骨架结构来评估对象，就是在操作图解了。

1. 分解转化的运用

传统园林语法对现代景观设计在形态上没有直接和较明显的关联，但当设计内容被分解为空间原型时，依然能看出两者存在拓展关系。在分解过程中，传统园林语汇的传承获得了新的思路，不用受具体图像、符号的约束，便能从中导入反叛性和实验性因素。

2. 分解转化的方法

语汇的延续。主要延续语言结构特点，在分解时实施一定程度的形态变化、图底关系反转、简化抽象语言等手段，其带来的视觉转换和场所体验仍与传统园林保持着相似相通之处。分解过程中的对象可以是结构语言系统中的任何一种结构。例如，将园林具有的内向性空间特征的结构反转，使其内表面向外翻转，使传统园林演变成外看的效果，这就是内外空间的拓扑反转。这种分解式的转化为内收式园林场景的体验，巧妙地提高了空间的公共性。

语汇的解构。重组和打散传统园林设计语言结构，需要在相对单独的片段中寻找记忆的影子。采用这种方法的设计目前在国内还缺乏实例。法国的拉维莱特公园可以看成是这种解构式的"分解转化"的实例。

语汇的植入。分解过程的对象并非实际的园林，而是与传统园林有着相似之处的其他传统艺术文化，如传统绘画、砖雕、壁画、剪纸、传统戏曲等，传统园林只为空间构成提供前期条件和基础手段。

（二）图像转化

图像转化是指对传统园林设计语言代表性的词汇、片段进行临摹或简化，其中复古、新古典或折中主义都属这个范畴。在设计思潮发展进程中，虽然这些理念得到了批判，但并不代表这些设计方法已经完全没有利用价值。自20世纪90年代以来，由于社会需求的不断加大，设计原理取得了长足发展，除了特定风景名胜区引入了现代园林艺术外，不少城市在绿化、度假村建设中也大量采用了园林景观艺术设计。

1. 图像转化的运用

（1）传承和调整布局经营手法

主要传承传统园林结构布局、组景模式，并根据实际需求对园林设计进行调整。私人园林场地有限，所以不适宜大量游客涌入；皇家园林虽然具备足够空间，但艺术取向与审美标准难以与时俱进。

（2）传承传统设计哲学

我国著名学者钱学森曾经提出城市园林发展方向，即"山水城市"的概念。他指出，在城市中引入仿天然的园林设计，能够使城市的生态气息更为浓厚，而建设山水城市将是未来城市发展的目标。学者吴良甫对钱学森的观点进行了丰富，认为山和水将是园林城市构建的两个要素，如果城市能够顺应山水走势进行构图，那么大城市将会被分隔为若干板块，形成自然园林生态城市群落，而这些山水景观将大大提升城市的活力。这里的山水概念不单纯指园林设计，同样涵盖了城市设计的整体理念。

（3）展现艺术要素

在传统文化中，诗词篆刻、题匾对联都是文学艺术元素的体现，在园林设计中得到广泛应用。在微缩景观空间中采用文学艺术元素，能够实现以小见大的艺术展示，使游人在方寸之间体会中华传统艺术的美感，体验更为丰富的艺术审美，并由此得到熏陶。可见，恰到好处的艺术设计能够在整体设计中起到画龙点睛的作用。

2. 图像转化的方式

(1) 描写方式

延续传统景观设计语言的句法结构、典型语句及修辞润饰，尽量不改动和简化，基本完整地还原传统设计语言表征，此方式主要用于传统园林及建筑的修复。传统园林是中国珍贵的物质文化遗产，开发的同时应该予以充分保护，尊重并忠实于原作，不得随意修改。这些是我们宝贵的精神文化食粮，因此描写方式的运用对延续和继承传统园林景观设计语言具有较大的实践前景。

(2) 减法方式

简化传统景观设计语言的句法结构、典型语句，但延续其润饰方法，满足于现代感的同时，将传统园林景观的韵味展现出来。此种方法不仅适用于名胜古迹风景区、传统街区，也较适用于城市敏感区域的景观设计。如果实际景观项目位于城市的历史文化街区或其周围分布有传统园林，同样可用于一些特殊用途的园林，如园博会或展示型景观。

(三) 读本转化

把传统园林景观作为一种可供人欣赏的读本，以某种已有的文本为起点演变成一种新的园林设计，是对它的辨析、溶解、建构和重组，应该主张以崭新的视角去审视老读本，然后嫁接、摘录、题铭或引用。分解转化和图像转化是在剖析传统园林景观设计语言和手段的基础上，以感观语言为核心的形式法则，探寻各种形式的语言组合规律。读本转化是对传统园林景观设计形式语言的同译。区别在于，前两者是控制读本的表面结构，而后者是注重读本的表达形式。

1. 读本转化的运用

园林设计作品的成功，在一定程度上体现了园林文本的优越性。本章节将在语境、意境、形意、文体等方面进行综合探索，以园林的"可读性"进行整体展示，再经过信息符号的转化，体现园林艺术的更高层次内涵。在艺术设计的语境诠释与表达上，行文力求简明，再经过艺术修饰，展现园林艺术的"可读性"。

(1) 读本多种解释

面对同一处传统园林，不同的人能读出不同的内容。因此，设计师完全可以依据自己

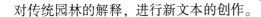

对传统园林的解释，进行新文本的创作。

（2）保持读本关联性

传统景观读本的书本形式并不只局限于物质外表下的句法和语汇，也包含润饰读本的修辞方法。所以，现代转化的过程中不必在意作品是否具有九曲流觞的线性结构或是代表性的语汇特征，而是强调保持书写形式的关联性。

2. 读本转化的方法

从多个角度切入对读本的转化，在重新建构读本时还可以其他多种方式进行。实际操作中很难有固定方式方法，因此简单略述以下基本方法：

一是诠释与替补。德里达在设计语言的诠释中将艺术符号之间的替代和增补称为替补诠释。在进行替补诠释设计中，艺术表现方式可以借此喻彼，也可以通过事物展示的内在联系，建立一个环环相扣的艺术体系，形成独特的艺术语言，从而展示艺术世界的往复循环和相辅相成的作用。这种思路为传统园林的延续拓展了方向。例如，将传统古典园林中某个传统元素尺度予以放大，放大后的形式让人想起某种传统元素，但又不是它本身，它并不在场所内。这种设计形式在一定程度上可以解决照搬传统符号的弊端。

二是书写与重复。一种以旧文本为基础的重复、反复书写。作为园林设计师，应当对自己的艺术创作不断进行否认和颠覆，在既有的艺术成就中突破，寻找新的设计灵感。真正的艺术设计不但要突破一味模仿的窠臼，还要不断地进行创新和变化，在形成文本结构后，要对其进行解读，从中理顺、重建与完善。德里达对这种模式做出了定义，即"双项重叠"模式，在进行适众设计的同时，要突出作品的独特性，使作品的个性化展示更为完善，通过对既有艺术成就的汲取和传承，对设计理念进行不断更新，做到融会贯通，这样才能使设计风格与众不同，适应社会环境发展的需要。

三是缝补片段。部分设计者认为，整体世界的存在只是一种表面形式。实际上，世界是一个混沌体，在整体框架下被分离成无数的片段。这些片段之间存在着一定的相似性，但与世界分隔的区域不同：区域是整体世界的一部分，在一定程度上能够反映世界的整体形态，而片段不具备这样的功能，其只是作为基础的元素存在，不能够显示与整体之间的关系，更不能作为判断整体形态的依据。比如，上海的方塔园存有宋代方塔、明代照壁和迁来的天后宫等历史建筑，这些不同片段在方塔园建造前存在，建造后依然是片段的形式，体现了设计师的高明之处。

第二节　传统文化语境下风景园林景观设计的创新

一、现代景观设计中传统文化元素的转化与契入

（一）概括、提炼内容

"概括"本意是指从某类型个别对象中提取出来的特征属性进行归纳和总结，形成对此类对象共同特征的普遍认识。在设计中，是在准确把握对象本质特征的前提下，对事物的整体形象进行简约凝练的表达。"提炼"原意是用于比喻对某种事物进行去粗取精、去伪存真的加工、提高。在设计中，"提炼"则是从设计对象的众多表象特征中提取最具代表性的信息，以构建合理表达主题的设计元素。

（二）解构、重组形态

解构主义作为一种设计风格的探索兴起于20世纪80年代。当时，哲学家德里达基于对语言学中的结构主义的批判，提出了"解构主义"的理论。他的核心理论是对结构本身的反感，认为符号本身已能够反映真实，对单独个体的研究比对整体结构的研究更重要。

解构主义用分解的观念强调打碎、叠加、重组，对传统的功能与形式的对立统一关系转向两者叠加、交叉与并列，用分解和聚合的形式表现时间的非延续性。

在设计过程中，解构可以分为两种：一种是符号解构，将原有符号元素打散，提炼出最基础的内容，作为重组的依据；另一种是意义解构，是将原有元素所含内容加以分解联想，达到设计作品表达上的多重性。

（三）置换、转换元素

置换主要是功能置换，常见于原有的、废弃的功能场景中的景观再利用，主要途径有更新、再生、植入等。在现代设计中，为了追求设计上的新意和独特性，常采用置换和转换的手法，以达到良好的设计效果。

在城市景观设计中，设计师也会从文字记载或口头相传中挖掘出场地原有的一些环境状况并将其置换。再生的景观可以给整体环境增添传统文化魅力，使观者从视觉上了解到与场地相关的文化和历史信息，得到精神的升华。

转换，一是在形态本身上的转换，着重于形式上的变换；二是根据原形的文化内涵进行各种形式的变换，甚至在内涵上进行多方位的延伸。转换可以是形式符号的转换，也可是生活方式与环境的转换。

（四）转化、类比手法

转化指直接利用原有景观形态，通过变换各种解决问题的方式，转化原有建筑、构筑物等的存在方式，达到尽可能保留原有的结构和形态的目的。在中山岐江公园设计中，设计师采用了同样的方法。岐江公园的场地原为中山著名的粤中造船厂，该造船厂经过半个世纪的经营，留下了不少的造船厂房、机器设备，包括龙门吊、铁轨、变压器等，将其涂上鲜红的色彩，便成了一个具有工业美感的巨大的构成主义雕塑作品。

在艺术领域里，中国古代文学艺术中的"比""兴"和类比法有着密切的联系。"比者，附也；兴者，起也。""比"是喻事理，"兴"是引起联想。比喻事理的，根据相似点来说明事物；引起联想的，从细微处寄托深义。类比法是富有创造性的创意技法，有利于人们的自我突破，其核心是从异中求同，或同中见异，从而产生新知，得到创造性成果，其在人们认识世界和改造世界的活动中具有重大意义。

（五）传统文化语境下现代景观设计方法的思考

设计的传承与创新的方法主要概括为以下两方面：

第一，充分了解前人成就，注意考察前人及他人在当时如何面对生活对象并相应创造出表现这些的设计语言，从中找出规律，同时找出其不足之处加以思考。上述便是继承传统及学习他人的方面。

第二，对设计对象给予更深入、更广泛的观察和体验，尤其注意具有时代特征的和新涌现出来的事物，在前人的基础上找出新的表现方法。设计中应有本民族的基础和传统文化，因为我们民族的生活风俗、审美要求一直在一定程度上存在并不断随着时代注入新的内容，其中值得注意的一点就是时间及空间的转换关系的处理。"古为今用""洋为中用"，在这里，"今"和"中"至关重要，"今"即是时代感，要有新的生活内容，新的意趣；"中"就是中国式的、民族的和传统的，为中国本土化的艺术形式，两者都不能偏废。

无论时代怎样变迁，传承与创新是设计者永恒不变的研究主题。没有传统文化作为基础，那将是无源之流、无根之木，掌握传统文化是创新的重要条件。在设计过程中，一是充分挖掘中国传统文化内涵，赋予精神与灵魂，体现地域文化特征；二是通过对生活的解读，给予更深入、更广泛的观察和体验，把握时代特征，在传承的基础上进行提炼和创新。设计者不仅是传统文化遗产的保护者，更是开拓者和建设者。

二、传统文化语境下建构现代景观文化内涵的思考

（一）园林景观文化内涵的建构

从艺术形态到文化构建，即是从客观的认知和感知再到主观价值体现的过程。

在我国园林体系中，江南园林最具代表性，也是集大成者，其有中国山水微缩之意境，有画境写意之境界，拥有跳跃自然而胜于自然的表情与内涵。其中，亭、台、楼、阁等逐渐演变成各类景观建筑，这些园林建筑在文化可识别性方面与整体园林规划及格局形成耦合关系。具有微缩尺度的江南园林为我们营造出完整的自然山水的视知觉氛围，而在如此的景观感知与认知中建构的文化，构成了建筑与景观环境一体化的文化表述："门内有径，径欲曲。石面有亭，亭欲朴。亭后有竹，竹欲疏。竹尽有室，室欲幽。室旁有路，路欲分。泉去有山，山欲深。山下有屋，屋亦方。"①

在传统文化语境中，建筑与景观整合的理想状态是人与自然共生的境界，这样的哲学思想的底层逻辑就是建筑与环境不分彼此，相互关联。也就是说，要在客观和主观之间，对中国传统文化内涵进行溶解与重构，使之展现出新的价值。

（二）景观作为文化参照物而传承

景观不同于自然环境，对象本身就具有文化特征。由于这种特征与特点，使景观环境具有了文化上的生命力，也正因为文化具有一定的可识别性，表明景观环境在文化之间具有表征和传承的作用。

伴随着经济和社会的不断发展，中国步入休闲时代，双休日和长假在这一时期成为标志。对景观及景观建筑来说，也迎来了快速发展的机遇，加上西方现代景观设计思潮的介入，中国当代景观设计正面临意识形态领域的观念更新。事实上，在建筑领域里，中国传统建筑的影响一直有两个发展方向，一是形式上的求存，具体表现为对中国固有形式的争议；二是文化内涵的延续，表现为作为文化的参照物而存在。但二者之间如何协调发展是问题的关键。

文化的定位与传承是问题的根本，形式上的问题根源则来自对内涵的理解。在传统视野中，建筑的分类定性一直有所谓正杂等级之分，是古建筑行业对宫式建筑的一种习惯区

---

① 陈桥生. 小窗幽记正宗 [M]. 北京：华夏出版社，2012：245.

分，主要区别在于屋顶。园林景观是源于内涵的分野，这是由本身功能性质所致。溯源寻根，任何性质的建筑都是由住宅发展衍生出来的，因此景观是作为功能性建筑的附属品而存在的，具有文化含义，表达的是精神层面的意境追求。现今，园林和景观已成为大众精神文化的参照物。在中国建筑领域，对固有形式的争议亦存在于风景园林及景观领域中，是设计者今后关注和亟须解决的问题。在全球化的作用下，西方现代景观理念不断冲击，作为文化参照物的景观领域正面临如何在传统文化背景下生存与发展的挑战。

（三）景观文化需多元化发展

学科间的发展平台总是在开放中相互融合。现代主义景观设计无法同精神追求、技术和现代主义建筑的发展相分离，这就从侧面说明了景观学科在不同领域不断地拓展与延伸，其理念也随着文化的进化和涵化进行更新及转变。

在这样的理解中，城市不单纯是城市的概念，已经从意识上靠近了以往的景观环境；景观也不单纯是以往的景观环境，已经从观念上包容了城市的发展与人类的生存经验。景观与建筑现已趋于统一的平台，站在同样的高度，两者的表现形式是在同一理论基础上发展的，介于内与外、虚与实、光与影、空间的转换等。同样，在其他相关学科领域存在一定的关联性与拓展性。再回到我们传统园林和建筑，中国园林通常是建筑覆盖空间和开放空间的结合体，体现的不仅是传统景观中的空间概念，也表现出人类与自然之间的平衡与和谐的哲学观念。景观学与建筑学的发展方向有相同的耦合点，正是这种哲学思想的体现。景观设计中的历史争议，是哲学、文化在技术层面结合、碰撞的结果，景观是心物合一的产物正是这种结合的关键点。由此可以看出，无论是改造自然还是管理自然，都是我们研究的方向。这就需要设计者在各个因子之间寻找相应的契合点，同时将广义设计学理论作为借鉴和参考。

第三节　现代风景园林建筑设计及其未来发展趋势

一、传统文化元素在现代风景园林设计中的应用

随着时代的发展，中国传统文化与设计的关系逐渐成为设计者关注的问题。景观设计者在现代园林景观设计中采用多种传统文化元素，将其融入整个风格中，形成有机的整体。在园林景观设计中对传统文化元素加以改造和运用，能够使作品具有文化精神内涵。

中国古典园林设计思想博大精深，体现了古代哲学思想，又蕴含丰富的传统文化精髓。中国传统文化精髓对现代景观设计有着极其重要的启迪和参考作用，深入研究传统文化有助于增加设计内涵，创造出具有中国传统意境的现代园林景观环境。

（一）空间的营造

障景与分景、框景与漏景、借景与收景、仿景与缩景等古典园林造园手法在现代园林景观中常被采用，可以达到步移景异、小中见大的空间效果。

同时，设计中加入现代元素，古为今用，古今交融，营造富有层次的空间环境，塑造有中国传统文化特色及氛围的景观场所。例如，万科第五园采用框景或漏景的手法，透出绿色，营造出具有中国韵味的场所。

（二）传统色彩的运用

代表华夏文明的几种颜色有中国红、黄色、青花蓝、玉脂白、石材灰、绿色等，结合材料和新中式风格定位，还常使用木色和黑色，这些色彩共同营造景观表情，表现出喜庆、祥和、恬静、内敛的文化景观气氛。在一些景观建筑中常常采用中国红和黄色，如亭、台、楼、榭、殿、阁等，彰显崇高、祥和的氛围；石材灰和玉脂白的运用主要体现在材料和景观设施上，如铺装、墙面、休息座椅等；青花蓝多用于点缀，如雕塑、墙面装饰、碎拼等；木色为自然之色，有质朴、恬静之味，栈道、平台、小品、廊架等常用此色彩，继承中国古典园林造园特点，体现新中式景观设计的风格；黑色往往与其他颜色（如白色、灰色等）搭配使用，用于地面铺装、景观设施、构架等，使空间环境变得沉稳、雅致。例如，万科第五园在铺装上采用灰色和木色结合，在纹理上进行合理的划分和拼接，达到和谐统一的效果，黑的花池、白色的墙面及部分铺装构成宁静致远的纯净空间。

（三）传统文化符号的运用

中国传统文化符号有很多种类，有传统的吉祥物，如青龙、白虎、朱雀、玄武、蝙蝠、仙鹤等，有五行的金、木、水、火、土，有周易及风水理论，有民族特色图案龙凤祥纹、祥云图案等，有吉祥文字福、禄、寿、喜等，还有植物梅、兰、竹、菊、牡丹、荷花、松柏、石榴等。现代园林景观设计中常把这些传统文化符号抽象或简化为设计元素，表达中国传统文化内涵，表现形式丰富多样。比如，西安大雁塔景区内采用京剧脸谱或皮影艺术元素设计的景观雕塑，还有带传统纹样的景观灯具及景观墙，体现出西安的历史文化底蕴。

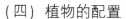

（四）植物的配置

植物在园林造景中起着举足轻重的作用，是园林景观要素之一，还可以改善小气候和生活环境。中国古典园林除盆栽植物外，其他植物不用整形，以观自然形色为主，而现代园林设计中整形灌木和自然种植相结合，植物品种增多，植物层次减少，以2~3层居多。而且，受到功能拓展、生态防护、使用人群等因素的影响，现代园林设计对植物选择有了更多的要求，不只是为了营造诗意的景观环境，还增加了生物多样性、地域性及生态学等原则。比如，万科第五园设计用水生植物弱化水景与建筑之间的部分，既丰富了水体，又增强了空间的层次感。

（五）空间营造

在空间营造上，传统的半开放的庭院、方圆结合的局部造型、细纹墙角、青砖步行道、漏窗等符合现代人生活要求的建筑手法得到了很好的继承。拴马柱、抱鼓石、青石水缸、太湖石等景观元素运用到现代园林景观设计中，表达一些古意。

空间设计上采用庭院、大院、小院、窄道等不同的中国传统建筑空间形式与现代风格的平面构成相结合的方式，体现了中国居住文化的精髓，也体现了中国人含蓄、内敛的性格特点。

二、现代园林景观设计的发展趋势

传统和未来都是相对当下而言的，当下是从传统中走出来的，当下又孕育着未来，我们只有认清当下，才能辨别出传统给予了我们什么，我们又能给予未来什么。剖析现在的问题与机遇，才能创造更好的未来。在园林景观的创造中，我们既不能完全抛弃传统，也不能完全吸纳西方现代园林的成果，在多元文化的冲突、解构、重组、变异之后，走出一条属于中国人的现代园林景观之路。

（一）现代园林发展趋势

现代园林景观不仅是一种设计技巧、一种设计风格，还应该是一种生活态度和思维方式，是民族文化、民族精神在当代的反映和折射。随着"宜居"概念的深入人心，人们对环境的要求不仅满足于基本的生活需求，建设美丽家园、山水城市，实现带有本土特色又能可持续发展的便捷、舒适、更高生活品质的生存环境已经成为奋斗的目标，所以现代园林景观的发展必将具备以下几个特点：

1. 内容民族化

民族的才是世界的，只有保持自己的特色才能不被全球一体化的潮流淹没，才能在世界文化格局中占有一席之地。传统园林景观虽然不能满足现代人的生活需求，但中国园林的创造主体和服务主体依然是中国人，本土的东西仍是最易创新和最易接受的，而且过去30多年发展的经验教训也告诉我们走具有本土特色的现代园林景观道路是正确的。表现本土文化的方式有很多，应用传统文化符号是最为简单和直接的一种方式，但将传统文化赋予新的形式，是"中式"园林景观追求的更高目标。在西安大雁塔广场一侧的关中民俗园中，园林设计者采用雕塑的形式展现了关中地区的秦腔、皮影、线戏等区域文化特色。在山水园中，游览者通过空间的开合变化和植物、景墙等对视线的引导感受到中国传统园林中"小中见大"手法的神奇。

2. 形式多样化

随着时代的发展，园林的内容和形式不断被丰富和扩展，学科发展越来越完善，分工越来越精细。巨大的历史机遇推动着中国园林的拓展和繁荣，越来越多的人投身到其中来，他们的广泛参与给现代园林的发展带来了新的思想，丰富了景观设计的语言。

随着我国改革开放的不断深入，东西方文化、艺术深入交流，国外的园林形式、理念、技术也渗透了进来，为我国现代园林注入了新的活力。它们除了原本的形式外，在中国本土环境中，与中国元素发生碰撞，变异出更多的形式。另外，人们的需求也越来越多样化。多样化的需求和多种风格相互碰撞、融合，促进我国园林朝着内容符合时代需求且形式更为多样化的方向发展。

3. 发展持续化

可持续发展的理念已经广为人知，"中式"园林景观也必须在这方面与社会发展趋势相符合。"中式"园林景观发展的目标之一是生态园林，即成为一个三维空间、人类和自然生态系统一体化模式的可持续发展的生态体系。它是维持社会、经济、环境三大因素可持续发展的纽带，可以将绿地建设从纯观赏层面提升至生态层面。

生态园林景观包含三方面的内涵。一是具有完善的自然生态环境系统，建设多层次、多结构、多功能、科学的植物群落，联系大气和土地，组成完整的循环圈。通过植物的生态功能，涵养水源，净化空气，维护生态平衡。二是建立人类、植物、动物相联系的新秩序，达到文化美、艺术美、科学美和生态美。三是应用生态经济效益，推动社会和经济同步发展，实现良性循环。"新中式"园林不仅是多种树，增加绿化量那么简单，它要在多层次、多领域全方位覆盖，实现真正的持续化发展。

4. 功能综合化

现代园林已经不仅是一个满足人类生活消遣娱乐的场所和美化环境的载体。随着社会的进步和科学技术的不断发展，人们对园林功能的认识不断提高和深入。其功能概括起来大致分为：景观功能、生态功能、文化功能、经济功能、社会效益。

"中式"园林景观应该在更高水平上整合这些功能，使其在体现科学性、民族性和时代性的同时，发展和承担新的功能。

景观功能是园林最基本的功能，不仅可以遮挡不美观的物体，美化市容，还可以利用园林设计布局使城市具有美感，丰富城市多样性，增强其艺术效果，为人们创造一个美好的生活环境。

园林不仅可以作为日常游玩休息娱乐的场所，还具有文化宣传、科普教育的功能。在游览的过程中，通过各种不同类型的景点，寓教于乐。比如，人们在南京中山陵可以了解孙中山一生的丰功伟绩；去大唐芙蓉园可以充分地了解盛唐文化。同时可以了解植物学方面的知识，以及地方民俗、风土人情等。

近年来，国家加大对园林景观产业的投入，城市园林已经成为一门新兴的环境产业。园林的经济功能包括两方面：直接效益和间接效益。直接效益指参观门票、娱乐项目、生产项目等的收入；间接效益指生态效益，是无形的产品。据美国科研部门研究记载，间接效益是直接效益的 18~20 倍。

园林景观化具有一定的社会效益，良好的城市环境可以推动城市经济的发展，并且良好的生活环境还可以减少不良事件的发生，是社会和谐、生活安定的保证。总之，园林事业已经成为一个城市发展、稳定的基础。

5. 行业规范化

"中式"园林景观的发展必将给风景园林行业的发展带来动力，而全行业发展水平的提高，也有利于推动"中式"园林的进一步发展。随着近几年园林事业的飞跃发展，专业内容越发丰富，实践项目增多，对专业教育、传统的行业运作和管理模式都提出了挑战，因此作为一个专门的行业，要想有长远的发展，就必须不断地完善和发展。

首先，"中式"园林景观的发展将推动行业教育的发展。一个合格的园林设计师所需要的专业技能和基本素养主要包括以下几方面：对环境敏锐的洞察力；对设计中的艺术层面和人文层面意义的理解能力；分析能力和形象思维能力；解决实际技术问题的能力；管理技巧、组织能力、职业道德和行业行为规范。在现行的教育体系中，每个学校按照自己的理解将其安排在不同的学科内，如农业院校里园林专业会被安排到生命科学内，工科院校会将其安排到建筑学科内，艺术院校将其安排在艺术设计学科内，不同的学科体系下其侧重点也会不一样，培养的能力也不同，综合素质在有些方面做得不到位甚至很欠缺。

其次，要完善行业标准，建立和完善市场准入制度及行业管理制度。目前，我国园林专业的行业标准基本是参照建筑学、规划学标准执行的，但由于园林行业的特殊性，不会在短时间内导致大问题或灾难性的后果，所以没有一些硬性的规定和衡量的标准，导致项目质量参差不齐。因此，应该建立和完善市场准入制度，制定严格的行业管理制度和规范的评定认证机构，根据中国园林市场的定位和划分，对从业的设计师和公司进行资格审查和评定，达到一定的水平参与相应的项目建设，并进行长期的监督和定期的执业能力评估。

（二）现代园林景观设计发展趋势

1. 创作理念——传统孕育未来

人类社会的文化发展表现为持续地推陈出新，不是抽刀断水。传统是一个不断变化的开放性的系统，旧的传统与新兴事物或外来事物在现实中不断地碰撞、结构、重组、变异，形成新的传统，新的传统再演变为旧的传统，往复循环向前行。它生存在现代，联系着过去，孕育着未来。

历史主义原则认为，随着时间产生的一切事物都是暂时的，它产生、发展，也必将消亡。传统景观的消亡是我们必须面对的事实，但我们没有必要执着在它的表面和形态上而不断地模仿它。一个新传统应该汲取的是旧传统的精华，中式园林景观应该探索传统园林所表达的造园理念和目标以及隐藏在造园事件背后的精神追求。在此基础上还应多借鉴吸收西方园林的发展成果，融合现代先进的设计语言，借鉴多学科的研究成果，使"新中式"园林景观朝着一个现代化的方向复合、变异，既传承过去，又开创未来。

2. 创作立意——现代人的现代园林

在古代造园时，园主人有相当大的权利决定造一个什么样的园子，因为这个园子是为他服务的，他很清楚自己的需求。现代园林设计者很多时候并不是园子的使用者，在不是很了解使用者需求的情况下，根据自己固有的经验，呈现出诸如"生态性""区域性""乡土景观"等概念，园林景观设计已经成为一种按部就班的程式化工作，这样做不会出现大错，但没有新意。"中式"园林景观设计中，我们要从使用者的审美与需求、当地的自然条件、场地的环境条件出发，从文脉、人脉、地脉各个角度去考量，不局限于为了传承而传承，创造出有内涵又实用的现代园林。在创新的时候应该拓宽思路，从更多的领域寻求灵感，如中式服饰、影视界、动漫等。

3. 创作手法——原则性、适宜性、多样性

全球文化大交流的背景，加上高新技术的广泛应用，使园林景观创作手法呈现出多样

化，即使有同样的理念和立意也会有不同的表达方式。在明确的理念和清晰的立意下选择"新中式"园林景观表达的方式，应遵循原则性、适宜性、多样性统一协调的创作手法，对"新中式"园林进行创作。

原则性："中式"园林景观的创作虽然是在一个开放、多元的氛围中进行的，但还是应该注意一些原则的把握，立足于场地的人脉、地脉、文脉，尊重地域特色，融合场地周边环境和城市肌理，在可持续发展和满足民族精神需求的前提下设计与当地生活相统一、相协调的"新中式"园林。

适宜性：在全球文化频繁交流的当下，外来文化对本土文化的影响不可抵挡，中国园林景观在经历了传统与现代、外来与本土冲突融合之后，更深切地了解了"因地制宜"的含义。在"中式"园林的创造过程中，了解场地文化和地域特征的前提下，立足于社会经济、创作环境、人际交往等实际条件，寻求有效合理的创造方向。

多样性："中式"园林景观的设计应从多角度去考虑和进行，而不能局限于单一的风格或元素中，园林景观中涉及的每一个要素都可以成为设计特征，场地地脉、周边环境、本土植物、建筑形体、色彩及地域文化等都可以成为灵感的来源，而不只是限定在"中式风格""曲径通幽"等固定模式中。

总体来说，现代园林景观延续了中国古典园林景观的脉络，吸收了众多新技术、新材料、新设计语言，不断地丰富和充实着世界园林体系。在全球文化日益交融的背景下，这不仅是中国园林事业的进步，也是世界园林事业的进步。对中国园林景观而言，"中式"园林景观的发展不仅是园林景观学科的发展，更体现了中国社会的发展和进步。现代园林景观作为表达社会文化的重要形式之一、社会可持续发展的重要内容、创建和谐社会的重要基础之一，在提高全民生活质量、建设可持续发展、加快城市化建设等方面发挥着不可替代的作用。

（三）集约型现代园林景观设计的趋势

我国是一个人口众多、资源相对不足的国家，随着经济的迅猛发展，我国多项建设出现了资源浪费和资源过量攫取的现象和问题，造成了资源的不足和环境的破坏。为此，我国政府提出了坚持科学发展观、建设节约型社会的政策。由此看来，将科学发展观和建设节约型社会的理念融入园林设计中，并发展成为集约型园林设计是如今景观设计的必由之路，也是重要趋势。

集约型园林景观设计是集约型园林体系的一个重要方面。集约型园林体系是一个综合体系，由经济、历史、文化、能源、生态等多方面因素互相作用、互相影响，它是建立在园林发展与社会、经济发展相协调基础之上的，因此，包括集约型园林景观设计在内的集约型园林体系是未来的发展趋势。

1. 土地资源的集约

集约型园林景观设计就是将原有的要素进行优化集约，目的是实现资源的合理利用，土地资源是指已经被人类利用或未来可能被人类利用的土地，具有总量有限、稀缺性、可持续性等特点，加之土地资源是园林景观的物质基础，因此实现土地资源的集约是未来园林景观设计的趋势。

园林景观设计应避免土地浪费，实现土地的多重利用效果，在同一块土地上建设不同的建筑项目，从而实现土地空间的立体性效果。园林景观设计有效利用废弃的土地，将废弃的工厂或关闭的公园在生态方面进行恢复之后，再次成为园林景观，这种可持续的做法成为很多发达国家应用的方法。

土地集约的主要对策有以下几点：首先，利用复合绿地，最大限度地提高土地的利用率。比如，公园的草坪可以与应急停机场相结合，不仅可以完成绿化功能，也能提高土地的使用功能。其次，保护优质绿地，重新利用不良生态用地。做好因地制宜，将一些不良生态用地，如盐碱地、废弃工厂等重新利用。最后，在进行土地集约的过程中，严格执行城市绿化规划建设指标的规定，不得轻易降低绿化指标。

例如，屋顶花园。屋顶花园目前在国内外均有广泛的应用。屋顶绿化具有以下重要意义：屋顶绿化可以增加城市绿地面积，改善日趋恶化的人类生存环境空间；改善城市高楼大厦林立缺少自然土地和植物的现状；改善热岛效应以及沙尘暴等对人类的危害；可以开拓人类绿化空间，建造田园城市，改善人们的居住条件，提高生活质量；还可以美化城市环境，改善生态效应。

2. 山水、植被等资源的集约

保护不可再生的资源、实现资源价值最大化是园林设计集约趋势的体现之一。山水、植被等资源是地球上的稀缺资源，如果浪费，后果不堪设想，这是人类生活的必需品，也是人类的共同财富。

园林景观设计应该慎用这些资源，最大限度地保持这些资源的原貌，或对这些资源进行巧妙的合理化的运用。以自然为主体是保护自然资源的途径之一，随着自然生态系统的严重退化和人类生存环境的日益恶化，人们对自然与人类的关系的认识发生了根本性的变化。人是自然中的一员，园林景观设计要遵循人的审美情趣，将自然资源看作原材料。

在丹麦首都哥本哈根，随处可以看见人们悠闲地喂食麻雀。在著名学府剑桥大学，成群的鸽子在天空飞翔，结队的野鸭在水中游弋。在伦敦的白金汉宫前的大片森林绿地中，松鼠和鸟类迎接着八方游客。在很多欧洲城市中，雕塑上边甚至随处可见粪便。当地的导游告诉游客，只有将这些粪便留在雕塑上，才能吸引更多鸟类驻足。世界上很多国家在园林设计方面追求自然、尊重自然、崇尚自然。在巴黎凯旋门的设计中，动物也是园林设计中的一员。地球是人类与动物共同拥有的，人类与自然、人类与动物的和谐相处不仅是一种心态，更是园林设计中不可忽视的内容。

重视山水等资源的宝贵价值是集约型资源开发与利用的重要表现，所以需要提高水土保持能力、保护现有的自然资源、调整资源结构以促进生物多样性的发展，从而确定自然资源的长久保持及良性的循环利用。

水资源集约的途径：第一，在设计的过程中要充分考虑植物的需水量，按照需水量将不同的植物进行集中规划和配置，如将耐旱植物与喜水植物进行分类设计规划；第二，在草坪的设计中，尽量使用耐旱植物或节水植物进行配置，尽量控制植物的需水量；第三，在设计的过程中，将植物置于集水地形中，便于雨水资源的利用，从而杜绝水资源的浪费。

3. 能源的集约

新技术的采用往往可以大幅度减少能源和资源的消耗。例如，成都武侯祠景区打造了雨水收集利用的景观，为市民提供了休息、游憩的场所。合理地利用自然，利用光能、风能、水能等资源为人类服务，从而大大减少能源的消耗。

大量的节能景观建筑、生态建筑见证了人类生态环境建设的足迹。园林建筑设计使建筑与环境之间成为一个有机整体，良好的室内气候条件和较强的生物气候调节能力，满足了人们生活、工作对舒适、健康和可持续发展的需求。

在景观植被的生态设计中，林地取代了草坪，地方性树种取代了外来园艺品种，这样可以大大减少能源和资源的耗费。另外，减少灌溉用水、少用或不用化肥和除草剂等措施都体现了能源的集约，也是景观生态设计的重要内容。

景观园林的浪费情况比较严重，"低碳"成为园林景观设计的关键理念之一。能源集约的策略包括以下几点：第一，降低煤炭能源的消耗。电能主要靠煤炭的燃烧，而煤炭使用率越高、废气排放量越大，在这个恶性循环中，降低煤炭资源的消耗就成了主要途径。第二，选择低碳材料。在园林设计中，园林材料既包括铺装、玻璃等材料，又包括木材、花卉等材料，应该减少对新型、人工、高碳材料的使用。对低碳、乡土材料的合理使用不仅能够减少资源浪费，还能充分体现历史地域特色。第三，保留自然状态。降低能源的使用，要尽可能保留自然的原貌，保护自然的生态平衡状态。

（四）生态与艺术相结合的现代园林景观设计趋势

1. 生态园林理念的趋势

生态园林是一门包含环境艺术学、园艺学、风景学、生态学等诸多科目的综合类科学。生态园林可以诠释为以下几点：对自然环境进行模拟，减少人工建筑的成分；尽可能地少投入、大收益；植物的大量运用；依照自然规律进行设计；有益于人们的身心健康。生态设计是通过构建多样性景观对绿化整体空间进行生态合理的配置，尽量增加自然生态要素，追求整体生产力健全的景观生态结构。

绿化是城市绿地生态功能的基础。因此，在植物造景的过程中，要尽可能使用乔木、灌木、草等来提高叶面积指数，提高绿化的光合作用，以创造适宜的小气候环境，降低建筑物的夏季降温和冬季保温的能耗。

同时，根据功能区和污染性选择耐污染和抗污染的植物，发挥绿地对污染物的覆盖、吸收和同化等作用，降低污染程度，促进城市生态平衡。因此，在生态园林景观设计中，基本理念就是在园林景观中，充分利用土壤、阳光等自然条件，根据科学原理及基本规律，建造人工的植物群落，创造人类与自然有机结合的健康空间。

"因地制宜、突出特色、风格多样"是园林景观设计中生态趋势的要求。依据设计场域内的阳光、地形、水、风、能量等自然资源结合当地人文资源，进行合理的规划和设计，将自然因素和人文因素合二为一。

2. 艺术性在园林设计中的趋势

园林是一门综合艺术，它融合了书法、工艺美学、艺术美学、建筑学、美术学及各种学科。如今，商业化气息遍布各个学科，如何创造出具有艺术性的园林景观成为园林景观设计师常常需要考虑的问题，因此园林的艺术性在设计中就显得尤为重要。

（1）遵循空间布局的艺术性

这条法则包含了布局的美观和合理，这就要求设计师注重园林的空间融合，注重空间的灵活运用。园林构图要遵循艺术美法则，使园林风景在对比与微差、节奏与韵律、均衡与稳定、比例与尺度等方面相互协调，这是园林设计中的一个非常重要的因素。

园林的空间布局是园林规划设计中一个重要的步骤，是根据计划确定所建园林的性质、主题、内容，结合选定园址的具体情况进行总体的立意构思，对构成园林的各种重要因素进行综合的全面安排，确定它们的位置和相互之间的关系。

综上所述，一个好的园林作品包括了解建筑分布、规划空间结构、融合使用对象等。园林空间的合理利用对现代园林景观设计非常重要，如何以人为本，如何因地制宜是每一

位园林设计师需要分析的。

（2）园林绿化植物的艺术性

园林艺术中的植物造景有着美化和丰富空间的作用，园林中许多景观的形成都与花木有直接或间接的联系。植物种植的艺术性不仅包括植物的习性，还包括植物的外形和植物之间搭配的协调性。

任何一个好的艺术作品的产生都是人们主观感情和客观环境相结合的产物，不同的园林形式决定了不同的环境和主题。物种的内容与形式的统一是达到植物配景审美艺术的方法。

思考题

1. 传承传统园林景观设计语言的困难有哪些？

2. 传承传统园林设计语言的方法有哪些？

3. 怎样理解现代景观设计中传统文化元素的转化与契入？

4. 简述传统文化元素在现代风景园林设计中的应用。

5. 说说现代园林景观设计的发展趋势。

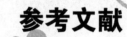

参考文献

[1] 俞天琦. 绿色建筑设计原理 [M]. 北京：中国建筑工业出版社，2023.

[2] 鲍家声. 现代图书馆建筑设计 [M]. 北京：中国建筑工业出版社，2023.

[3] 印瑚莹，王路，祁斌. 建筑设计指导丛书：博物馆建筑设计 [M]. 北京：中国建筑工业出版社，2023.

[4] 杨姗姗. 图解民用建筑设计统一标准 [M]. 北京：化学工业出版社，2023. 01.

[5] 孙大莉. 高等职业教育建筑设计类专业系列教材：设计色彩 [M]. 北京：机械工业出版社，2023.

[6] 韩光煦. 中央美术学院实验教学丛书建筑设计方法入门别墅及环境设计 [M]. 杭州：中国美术学院出版社，2023.

[7] 杨英丽，赵六珍. 建筑设计原理与实践探究 [M]. 长春：吉林出版集团股份有限公司，2022.

[8] 卢瑾. 建筑结构设计研究 [M]. 北京：中国纺织出版社，2022.

[9] 陈根. 建筑设计 [M]. 北京：电子工业出版社，2022.

[10] 梁竞云. 旧建筑空间改造与更新设计 [M]. 长春：吉林出版集团股份有限公司，2022.

[11] 赵蕾. 风土再造：2020 城乡规划、建筑学与风景园林专业四校乡村联合毕业设计 [M]. 昆明：云南大学出版社，2022.

[12] 孙洪涛，王思维，张伶伶. 城市建筑复合界面空间设计 [M]. 沈阳：东北大学出版社，2022.

[13] 戚军，张毅，李丹海. 建筑工程管理与结构设计 [M]. 汕头：汕头大学出版社，2022.

[14] 王保安，樊超，张欢. 建筑施工组织设计研究 [M]. 长春：吉林科学技术出版社，2022.

[15] 赵杰. 建筑设计手绘技法 [M]. 武汉：华中科技大学出版社，2022.

［16］邓雪娴. 建筑设计指导丛书餐饮建筑设计［M］. 北京：中国建筑工业出版社，2022.

［17］俞天琦. 城市交叉路口建筑设计［M］. 北京：中国建筑工业出版社，2022.

［18］陶花明，王志，顾岩. 城市规划与建筑设计研究［M］. 长春：吉林科学技术出版社，2022.

［19］韦峰，陈伟莹. 建筑设计要素丛书绿色建筑［M］. 北京：中国建筑工业出版社，2022.

［20］付强，张颖宁. 建筑设计要素丛书：建筑楼梯［M］. 北京：中国建筑工业出版社，2022.

［21］郑子方. 建筑设计要素丛书：建筑外墙［M］. 北京：中国建筑工业出版社，2022.

［22］吴越，陈翔. 建筑设计新编教程2：基本建筑［M］. 北京：中国建筑工业出版社，2022.

［23］滕凌. 建筑构造与建筑设计基础研究［M］. 长春：吉林科学技术出版社，2022.

［24］刘启波，刘启泓，张炜. BIM建筑设计实战［M］. 西安：西安交通大学出版社，2022.

［25］杜鹃，张佳. 建筑设计要素丛书：建筑细部［M］. 北京：中国建筑工业出版社，2022.

［26］顾馥保. 建筑设计要素丛书：建筑中庭［M］. 北京：中国建筑工业出版社，2022.

［27］袁牧. 建筑设计防火规范速查手册［M］. 北京：中国建筑工业出版社，2022.

［28］陈竹，陈日飙，林毅. 现代产业园规划及建筑设计［M］. 北京：中国建筑工业出版社，2022.

［29］郑嘉文. 建筑设计手绘基础精讲［M］. 北京：化学工业出版社，2022.

［30］顾强. 模块化建筑设计的本土化应用策略［M］. 北京：中国建筑工业出版社，2022.

［31］杨至德. 风景园林设计原理［M］. 第4版. 武汉：华中科技大学出版社，2021.

［32］许明明，雷凌华. 普通高等教育风景园林类立体化创新教材：风景园林构造设计［M］. 北京：机械工业出版社，2021.

［33］吕桂菊. 高等院校风景园林专业规划教材：植物识别与设计［M］. 北京：中国建材工业出版社，2021.